Jasper Westphalen

Implementierung eines Moduls zur großflächigen In-Line Blitzlampentemperung von gesputterten ITO-Schichten

Werkstofftechnik Aktuell

Schriftenreihe aus dem Fakultätsübergreifenden Institut für Werkstofftechnik (IWT) an der TU Ilmenau
Herausgegeben von Univ.-Prof. Dr. rer. nat. Peter Schaaf und Univ.-Prof. Dr.-Ing. Edda Rädlein

Band 22

Die vorliegende Schriftenreihe "Werkstofftechnik Aktuell" berichtet über aktuelle Forschungsergebnisse aus dem Institut für Werkstofftechnik (IWT) der TU Ilmenau. Die ausgewählten Texte spiegeln die breit gefächerten materialwissenschaftlichen und werkstofftechnischen Themen, die am IWT bearbeitet werden, wieder. Für weitere Informationen und Rückfragen können Sie sich gerne an das Institut (www.tu-ilmenau.de/wt) wenden oder das Institut persönlich besuchen. Über Ihre Anregungen, konstruktive Kritik und Ihre Kontaktaufnahme würden wir uns sehr freuen. Das IWT steht wissenschaftlichen Zusammenarbeiten stets aufgeschlossen gegenüber.

Implementierung eines Moduls zur großflächigen In-Line Blitzlampentemperung von gesputterten ITO-Schichten

Jasper Westphalen

Universitätsverlag Ilmenau
2021

Impressum

Bibliografische Information der Deutschen Nationalbibliothek
Die Deutsche Nationalbibliothek verzeichnet diese Publikation in der Deutschen Nationalbibliografie; detaillierte bibliografische Angaben sind im Internet über http://dnb.d-nb.de abrufbar.

Diese Arbeit hat der Fakultät für Maschinenbau der Technischen Universität Ilmenau als Dissertation vorgelegen.

Tag der Einreichung:	9. Juni 2020
1. Gutachterin:	Univ.-Prof. Dr.-Ing. habil. Edda Rädlein (Technische Universität Ilmenau)
2. Gutachter:	Prof. Dr. rer. nat. habil. Stefan Sinzinger (Technische Universität Ilmenau)
3. Gutachterin:	Dr.-Ing. Manuela Junghähnel (Fraunhofer FEP, Dresden)
Tag der Verteidigung:	11. November 2020

Technische Universität Ilmenau/Universitätsbibliothek
Universitätsverlag Ilmenau
Postfach 10 05 65
98684 Ilmenau
https://www.tu-ilmenau.de/universitaetsverlag

ISSN 1868-6532
ISBN 978-3-86360-234-7 (Druckausgabe)
DOI 10.22032/dbt.49068
URN urn:nbn:de:gbv:ilm1-2020000741

Kurzfassung

Die Blitzlampentemperung (Flash Lamp Annealing – FLA) zählt zu den Kurzzeittemperverfahren (Rapid Thermal Annealing – RTA), da die Erwärmung und Abkühlung der Schicht im Bereich von Millisekunden liegen. Die mit Hilfe von Blitzlampen durchgeführte Temperung dient zur oberflächennahen Erwärmung von Festkörpern. Hierbei handelt es sich um einen thermischen Prozess, der Materialeigenschaften verändern kann. Durch die Blitzlampentemperung kann der Schichtwiderstand von transparenten leitfähigen Oxidschichten (Transparent Conductive Oxides – TCO) reduziert und die Transmission im sichtbaren Wellenlängenbereich erhöht werden.

In der vorliegenden Forschungsarbeit wird das Prozessverhalten von dynamischen FLA-Prozessen bei Indium-Zinn-Oxid (ITO) Schichten experimentell dargelegt. Dazu wurde der Einfluss von verschiedenen Prozessparametern wie Energiedichte und Pulszeit des Xenonlichtblitzes erforscht. Erste Versuche zur Untersuchung des Einflusses der Blitzwiederholrate und der Geschwindigkeit des Substrates ließen sich erfolgreich durchführen.

Die Herstellung aller Schichten erfolgte am Fraunhofer-Institut für Organische Elektronik, Elektronenstrahl- und Plasmatechnik (FEP) in der In-Line Sputteranlage ILA 750. Für die Blitzlampentemperung wurde das Lampensystem Xenon Flash Lamp Modul FLA 2x360w der Firma ROVAK GmbH genutzt. Das Modul ist Bestandteil der Beschichtungsanlage ILA 900 am Fraunhofer FEP und erlaubt sowohl die statische als auch die dynamische FLA-Behandlung von Substraten bis zu einer Größe von 600 mm x 1200 mm.

Die unterschiedlichen Einstellungen der Blitze ließen sich optisch vermessen. Für ITO-Schichten mit einer Schichtdicke von 150 nm konnte nach der FLA-Behandlung ein Widerstand von 14 Ω erreicht werden. Für die Transmission im sichtbaren Wellenlängenbereich wurden 87 % erzielt.

Diese Werte sind vergleichbar mit einer konventionellen Temperung von ITO-Schichten im Ofen. Erfolgreich ließ sich zeigen, dass der FLA-Prozess an eine bestehende In-Line Prozessanlage implementiert werden kann.

Abstract

Flash lamp annealing (FLA) is a rapid thermal process (RTP) used to heat solid bodies close to the surface. The aim is to change material properties. The tempering is carried out using xenon flashlamps, pulse times of the flash are in the range of milliseconds. FLA is shown to reduce the sheet resistance and increase the optical transmittance in the visible light spectra of transparent conductive oxide (TCO) layers.

This work investigates the process behavior of the dynamic FLA for indium tin oxide (ITO) layers. The influence of various process parameters, such as energy density and pulse exposure time of the xenon light flash were studied. Furthermore, dynamic FLA attempts to examine the influence of the flash repetition rate and the substrate speed have been performed. This study relates the mentioned process parameters to the resulting qualitative improvements of the TCO layers which are sheet resistance and spectral transmittance.

All layers are produced at the Fraunhofer Institute for Organic Electronics, Electron Beam and Plasma Technology (FEP) with the in-line sputtering plant ILA 750. The new lamp system Xenon Flash Lamp Module FLA 2x360w from ROVAK GmbH is used for flash lamp tempering. The module is part of the ILA 900 coating plant at the Fraunhofer FEP. It allows static and dynamic FLA treatment of substrates up to the size of 600 mm x 1200 mm.

Flashes with different parameters were measured optically. ITO layers with a thickness of 150 nm achieved a sheet resistance of 14 Ω and a spectral transmittance of 87 %after the treatment with FLA. With this work it was successfully shown that the dynamic FLA process can be implemented on an existing in-line process plant and result in the improvement of the electrical and optical properties of ITO layers.

Inhaltsverzeichnis

1 Einleitung

Neue technologische Entwicklungen von Bauelementen für optische Anwendungen, wie zum Beispiel Leuchtdioden, Displays oder verschiedene Arten von transparenter Elektronik, stellen hohe Anforderungen an die verwendeten Materialien und Herstellungsprozesse. Eine wichtige Aufgabe dabei spielt die transparente, elektrisch leitfähige Oxidschicht (Transparent Conductive Oxides – TCO) der Bauelemente. Diese Schichten sollen eine möglichst hohe Transmission von sichtbaren Licht bei gleichzeitig geringem Schichtwiderstand aufweisen. Als Beispiel seien Solarzellen genannt, welche die angeführten Eigenschaften im Vorderseitenkontakt aufweisen müssen. Die TCO-Schicht der Solarzelle muss das einfallende Licht möglichst verlustfrei durchlassen und den erzeugten Fotostrom aus der Solarzelle abtransportieren. TCO-Schichten auf der Basis von Indiumoxid, wie Indium-Zinn-Oxid (ITO), gehören zu den am häufigsten verwendeten Materialien [22]. Um diese Kombination aus hoher Transparenz und geringem Widerstand bei gesputterten ITO-Schichten zu erreichen, ist meist eine thermische Nachbehandlung notwendig. Bei der Beschichtung von großen Flächen im In-Line Verfahren mit der Nutzung von konventionellen Ofenverfahren werden entsprechend lange Zeiten zum Aufheizen, Temperatur halten und Kühlen benötigt. Demzufolge ist die Produktionszeit sehr lang. Neben dem genannten zeitaufwendigen Verfahren gibt es auch Kurzzeittempermethoden, wie beispielsweise die Blitzlampentemperung (flash lamp annealing – FLA) im Millisekundenbereich. Dieses Verfahren wurde in den 1970er Jahren erstmals beschrieben [34]. Beim FLA-Prozess wird ein hochenergetischer Blitz gezündet, um die Schicht kurzzeitig aufzuheizen. Durch die kurze Behandlungszeit kommt es ausschließlich zur oberflächennahen Erwärmung. Ebenso schnell kühlt dieser Bereich ab. In der Halbleiterbranche ist das FLA-Verfahren bereits in verschiedenen Prozessschritten etabliert, wie zum Beispiel bei der Umkristallisation,

Diffusion sowie bei der Aktivierung von Dotierelementen in Halbleitern. Seit einigen Jahren wird das FLA-Verfahren ebenfalls verwendet, um TCO-Schichten zu tempern und so die endgültigen Schichteigenschaften herzustellen. [19, 53]

In vorangegangenen Forschungsarbeiten wurden ITO-Schichten bereits durch statische FLA-Prozesse thermisch nachbehandelt und untersucht [62, 63]. Aufbauend auf diesen Studien kann der Schwerpunkt der vorliegenden Untersuchung folgendermaßen skizziert werden: die bereits gewonnenen Erkenntnisse bei statischen FLA-Versuchen werden angewendet, um die Implementierung eines neuen Blitzlampenmoduls an einer vorhandenen Industrie-Pilotanlage des Fraunhofer-Institutes für Organische Elektronik, Elektronenstrahl- und Plasmatechnik (FEP) für den dynamischen FLA-Prozess zu realisieren. Ziel der vorliegenden Untersuchungen ist das Verständnis des Prozessverhaltens beim dynamischen FLA zu vertiefen und zu erweitern.

Die Beschichtung der Substrate erfolgte am Fraunhofer FEP mit der In-Line Sputteranlage ILA 750. Die anschließende Blitzlampentemperung wurde mit dem Lampensystem Xenon Flash Lamp Modul FLA 2x360w der Firma ROVAK GmbH durchgeführt. Das Modul ist Bestandteil der Beschichtungsanlage ILA 900. Es ermöglicht die FLA-Behandlung von Substraten bis zu einer Größe von 600 mm x 1200 mm. Die FLA-Prozesse können sowohl mit stehendem Substrat (statisch) als auch dynamisch mit bewegtem Substrat durchgeführt werden.

2 Physikalische und technologische Grundlagen

Bevor der Einfluss der dynamischen Blitzlampentemperung (FLA) auf die Eigenschaften der ITO-Schichten dargestellt wird, sollen zunächst die physikalischen und technologischen Grundlagen der Schichterzeugung durch Magnetronsputtern sowie der dynamische FLA-Prozess mit einem Blitzlampenmodul und schließlich die optischen und elektrischen Eigenschaften von transparenten leitfähigen Oxidschichten eingehend erläutert werden.

2.1 Schichterzeugung durch Magnetronsputtern

Eine der wichtigsten Methoden zur Erzeugung von funktionalen Dünnschichten ist das Magnetronsputtern. Es gehört zu den Prozessen der physikalischen Gasphasen Abscheidung (physical vapour deposition - PVD). Als Sputtern bezeichnet man allgemein die Festkörperzerstäubung durch den Beschuss mit energetischen Ionen oder neutralen Atomen. Treffen diese Teilchen mit einer Energie oberhalb von einigen zehn Elektronenvolt (eV) auf eine Festkörperoberfläche auf, kommt es zu verschiedenen Prozessen:

- Rückstreuung der Teilchen
- Zerstäuben der Oberfläche (Sputtern)
- Implantation der Teilchen

Die durch den Teilchenbeschuss hervorgerufenen Kollisionsprozesse mit Sublimationswirkung des Beschichtungsmaterials werden allgemein als „Sputtern“ bezeichnet (engl. to sputter = zerstäuben). Die aus der Oberfläche herausgelösten Atome können auf den umgebenden Oberflächen kondensieren. Das Beschichtungsmaterial liegt als Bulk-Material vor und wird „Target“ genannt. Beim Sputterprozess dient das Target gleichzeitig als Kathode. Dadurch werden Ionen aus dem Plasma direkt auf die Targetoberfläche beschleunigt.

Ein einfallende Ionen schlagen entweder direkt oder über Kollisionskaskaden Atome aus der Targetoberfläche heraus. Zum Teil werden die Ionen in die Targetmatrix implantiert oder an der Oberfläche reflektiert. Im Kollisionsprozess kommt es auch zu Sekundärelektronenemissionen, welche einen erheblichen Beitrag zur Selbsterhaltung des Sputterprozesses liefern. Um den Effekt der Ionisierung des Gases zu erhöhen, werden beim sogenannten Magnetronsputtern Magnete unter dem Targetmaterial angebracht. Abbildung 2.1 zeigt eine Skizze des Sputterprozesses. Die wesentlichen Vorteile der Kathodenzerstäubung liegen in der Skalierbarkeit der homogenen Beschichtung von einigen cm^2 bis hin zu großen Substratoberflächen von mehreren m^2.

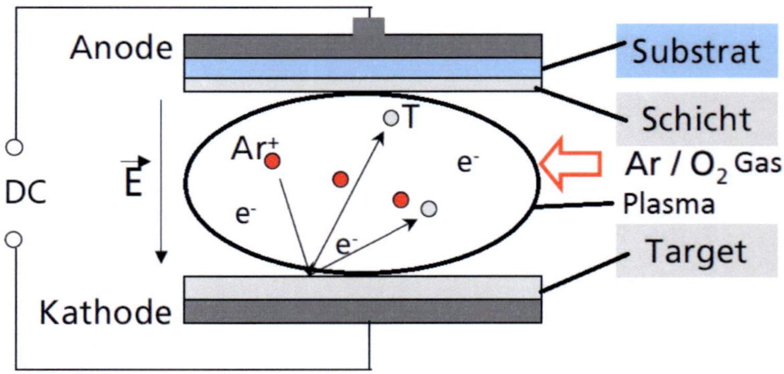

Abbildung 2.1: Schematische Darstellung des Sputterprozesses mit allen notwendigen Bestandteilen und den wesentlichen Vorgängen. [63]

2.2 Thermische Nachbehandlung durch Blitzlampen

Der Prozess der Blitzlampentemperung (Flash Lamp Annealing – FLA) dient zur oberflächennahen Erhitzung von Festkörpern. Es handelt sich um einen thermischen Prozess, dessen Ziel es, ist Materialeigenschaften zu ändern. Die Temperung erfolgt mit Hilfe von Xenon-Lampen. Durch eine Entladung von Kondensatoren über die Lampen wird ein hochenergetischer Blitz gezündet. Je nach Dimensionierung der Anlage können Temperaturen von über 1000 °C bei einer Aufheizrate von bis zu 10^6 K/s erreicht werden. Die Dauer des Prozesses liegt im Bereich einiger Millisekunden, sodass die Wirkung auf einige Mikrometer der Substratoberfläche begrenzt ist. Es wird zwischen dynamischen und statischen FLA-Prozessen unterschieden. Von dynamischen FLA spricht man wenn zwischen Lampe und Substrat eine Relativbewegung statt findet und die Blitze mit einer definierten Rate sich wiederholen. Bei statischen FLA-Prozessen findet keine Relativbewegung zwischen Lampe und zu behandelnder Oberfläche statt.

2.2.1 Eingliederung in Kurzzeittempermethoden

Die Herstellung von TCO-Schichten auf Glas beinhaltet häufig einen Temperschritt, um die Schichteigenschaften gezielt zu modifizieren. Hierfür kann das Substrat entweder direkt vor der Beschichtung oder danach erhitzt werden. Meist werden die Substrate, beziehungsweise der Substrat-Schichtverbund, im Ofen bei hohen Temperaturen über mehr als 15 Minuten wärmebehandelt. Dabei bildet sich über die Prozesszeit eine homogene Temperaturverteilung über das Substrat aus. Temperaturempfindliche Substrate, wie zum Beispiel Polymerfolien, sind für diesen Prozess nicht geeignet.

Sowohl um eine Zeitersparnis zu erlangen als auch um temperaturempfindliche Substrate zu verwenden, wurden verschiedene Verfahren entwickelt, bei denen der thermische Energieeintrag in kurzer Zeit erfolgt. Diese Verfahren werden unter dem Sammelbegriff der Kurzzeittempermethoden (Rapid Thermal Annealing – RTA) zusammengefasst. Die Kurzzeittempermethoden decken einen Zeitbereich von mehreren 10er

Potenzen ab. Von Kurtzzeittemperung spricht man, wenn die Behandlungszeit zwischen 10 ns bis 100 s liegt. Unterschieden werden können drei Hauptarten, die diesen Zeitbereich abdecken. Je nach Prozessdauer und Strahlungsquelle werden die Verfahren in RTP (Rapid Thermal Processing), FLA und LA (Laser Annealing) unterteilt. RTP-Methoden liegen im Zeitbereich von 1 s - 100 s, FLA zwischen 100 μs und 100 ms und LA unter 100 μs. [51]

Wichtige Prozessparameter und -eigenschaften sind in Tabelle 2.1 dargestellt. Durch die RTP wird die gesamte Tiefe erhitzt. Beim FLA kommt es zur Absorption an der Oberfläche. Wärmeleitung entlang der Oberflächenschicht und in die Tiefe ist möglich. Die Rückseite bleibt meist kälter. Bei der Laserbehandlung kommt es zur Absorption im Fokuspunkt.

Tabelle 2.1: Vergleich der verschiedenen Kurzzeittempermethoden. [29, 51]

	RTP	FLA	Laser
Quelle	Halogenlampen	Blitzlampe	Laser Excimier
Tiefenwirkung	gesamte Tiefe erhitzt	nur Oberfläche erhitzt	nur Oberfläche erhitzt
Flächenwirkung	ganzer Wafer	ganzer Wafer	Punkt oder Line
Dauer	Sekunden	Millisekunden	Nanosekunden
Temperatur	< 1300°C	< 2000°C	> 2000°C

2.2.2 Stand der Technik

Das Verfahren der Blitzlampentemperung findet aufgrund der vielfältigen Einstellungsmöglichkeiten der Parameter viele unterschiedliche Anwendungsgebiete, die von der Aktivierung von Dotierungselementen in der Halbleitertechnologie über die thermische Nachbehandlung von Schichtsystemen bis hin zu Sintermethoden von Tinten reichen. Das Diagramm in Abbildung 2.2 zeigt exemplarisch die Möglichkeiten der Anwendungen der Blitzlampentemperung. Die Einteilung erfolgt in diesem Fall nach den Prozessparameterfeldern in Abhängigkeit der Pulsdauer und Energiedichte.

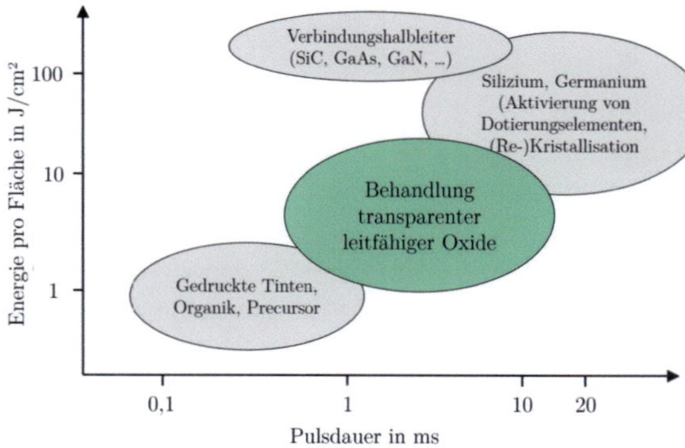

Abbildung 2.2: Möglichkeiten der Anwendungen der Blitzlampentemperung. Einteilung nach Prozessparameterfeldern in Abhängigkeit der Pulsdauer und Energiedichte. [33]

Es gibt eine Reihe von Anlagenherstellern, welche FLA-Systeme in ihr Portfolio aufgenommen haben. Im folgendem Abschnitt sollen einige genannt werden. Auf einen ausführlichen Vergleich der verschiedenen Systeme der unterschiedlichen Hersteller wird hier verzichtet. Zum einen werden nicht alle relevanten Parameter vom Hersteller angegeben. Zum anderen gelten die Parameter, welche auf den Internetseiten zu finden sind, nur für das jeweilige System. Die Energiedichte der Blitze ist stark vom Aufbau der Anlage abhängig. Weiterhin haben sich die Hersteller auf spezielle Anwendungsgebiete fokussiert, für welche bestimmte Anforderungen realisiert werden müssen.

Die Blitzlampentemperung wurde zuerst von **NovaCentrix** entwickelt und ist in den PulseForge®-Anlagen integriert. NovaCentrix hält weltweit die Schlüsselpatente für diese Technologie. NovaCentrix hat die weltweit erste integrierte FLA-Simulation entwickelt. Die PulseForge®-Anlagen werden zum Trocknen, Sintern oder Heizen von dünnen Schichten auf temperaturempfindlichen Substratmaterialien wie Polymeren und Papier verwendet. Es gibt fünf Anlagensysteme als Einzelanlagen sowie kundenspezifische Fertigung von FLA-Modulen zur Integration in bestehende Anlagen. [48] Abbildung 2.3 zeigt beispielhaft zwei FLA-Anlagen von NovaCentrix.

Die **Rovak GmbH** bietet kundenspezifische Sondermaschinen zur Grundlagenforschung sowie Standardlösungen für die Produktion an. Die FLA Systeme reichen von F&E-Systemen bis hin zur Pilotanlage. Es werden unabhängige Einheit zur Durchführung von FLA-Versuchen für Forschungs- und Entwicklungsapplikationen angeboten. Bei einer Anlage besteht die Möglichkeit mit Hilfe eines Transportsystems das Substrat relativ zur Lampe zu bewegen. Die Anlagenserie Rovak Flash Lamp Systems Semi ist als unabhängige Einheit zur Durchführung von FLA-Versuchen speziell für Applikationen der Mikroelektronik konzipiert. Des weiteren bietet die Rovak GmbH die Integration von FLA-Modulen in bestehende Systeme. Für den dynamischen FLA-Prozess können vorhandene Transportsysteme genutzt werden um eine Relativbewegung von Lampe und Substrat zu realisieren. [54] Abbildung 2.4 zeigt beispielhaft zwei FLA-Anlagen der Rovak GmbH.

Die **VON ARDENNE GmbH** entwickelte ein FLA-Module für Beschichtungsanlagen mit Substraten bis zu einer Breite 3,8 m. Des weiteren gibt es eine unabhängige Einheit zur Durchführung von dynamischen FLA-Versuchen mit Substraten bis zu einer Breite 1,7 m. [61] Beide Einheiten sind in Abbildung 2.5 gezeigt.

Die FLA-Module von der **Solayer GmbH** sind so konzipiert und hergestellt, dass sie FLA-Prozesse in industriellen In-Line und Rolle-zu-Rolle Anlagen ausführen können. Des weiteren bietet Solayer FLA-System für die Forschung und Entwicklung an. [59] In Abbildung 2.6

zeigt zwei Solayer FLA-Systeme.

Die **XENON Corporation** hat fünf Anlagensysteme zum Sintern, Aushärten oder Heizen von Nanomaterialien, Tinten und Halbleitern. Diese sind als einzelne F&E Systeme bis hin zu Rolle-zu-Rolle Systemen erhältlich. [64] In Abbildung 2.7 sind zwei Anlagen Systeme der XENON Corporation gezeigt.

(a) FLA-Einheit für Forschung und Entwicklung *NovaCentrix PulseForge 1300.*

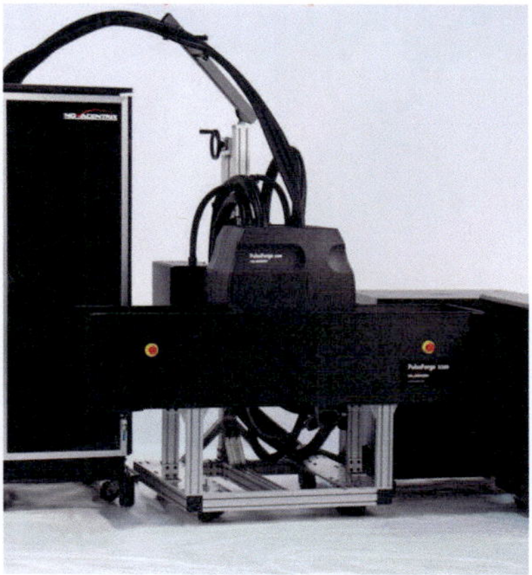

(b) Die *NovaCentrix PulseForge 3300* ist die industrielle Version der *PulseForge 1300.*

Abbildung 2.3: Beispielbilder der FLA-Anlagen NovaCentrix PulseForge. [48]

(a) Der modulare Aufbau der Anlagenserie *Rovak Flash Lamp Systems Multi Option - Line* lässt umfangreiche Erweiterung zu.

(b) Anlagenserie *Rovak Flash Lamp Systems Semi - Line* ist konzipiert zur Durchführung von FLA-Versuchen in der Mikroelektronik.

Abbildung 2.4: FLA-Anlagen der Rovak GmbH. [54]

(a) 3,8 m Blitzlampen für die FLA-Nachbehandlung von Architekturglas.

(b) 1,7 m FLA-Anlage mit Transportsystem.

Abbildung 2.5: Beispielbilder der FLA-Einheiten der Von Ardenne GmbH. [61]

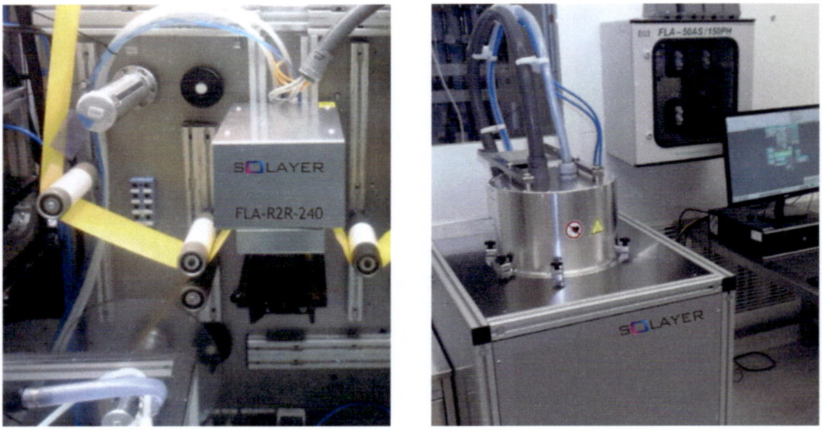

(a) FLA-Modul von Solayer an einer Rolle-zu-Rolle Anlage.

(b) Solayer FLA-System für Forschung und Entwicklung.

Abbildung 2.6: Beispielbilder der FLA-Einheiten von Solayer. [59]

(a) Xenon FLA-System zum Sintern leitfähiger Nanopartikel.

(b) Anpassbares Mehrlampensystem für Rolle-zu-Rolle Anlagen bei Durchsatzraten von bis zu 21 Meter pro Minute.

Abbildung 2.7: Beispielbilder der FLA-Einheiten der XENON Corporation. [64]

2.2.3 Anlagentechnik

Eine FLA-Anlage besteht standardmäßig aus einer Prozesskammer mit einem Haltesystem bzw. Transportsystem für das Substrat, mehreren Blitzlampen mit einem oder mehreren Reflektoren und Quarzglasfenstern (Abbildung 2.8). Zwischen den Blitzlampen und der zu behandelnden Oberfläche befindet sich ein Quarzglasfenster, zum einen um die Lampen vor Verunreinigungen zu schützen, welche durch das Abdampfen der Schicht während des Prozesses entstehen können. Zum anderen kann im Falle einer Zerstörung der Lampe durch den Prozess die behandelte Schicht geschützt werden. Der Reflektor ist so ausgelegt, das es zu einer möglichst homogenen Ausleuchtung der zu behandelnden Oberfläche kommt. Eine homogene Behandlung der Schichten ist weiterhin durch Überlagerungen des ausgeleuchteten Bereichs von mehreren Lampen zu erzielen. Häufig besteht die Möglichkeit, die Prozesskammer mit einem Gas zu spülen oder auf einen bestimmten Druck zu evakuieren. Um das Substrat vorzuheizen, kann ein Vorheizsystem in der Prozesskammer angebracht sein. Hierzu dienen meist Halogenlampen oder eine Heizplatte als Heizung, welche die Probe vor dem Blitzlampentempern von hinten erwärmen. Das Vorheizen dient dazu, den Temperaturgradient zwischen Vorder- und Rückseite während des FLA-Prozesses zu verringern. Somit ist es möglich thermische Spannungen zwischen Vorder- und Rückseite zu verringern.

Die Blitzlampen werden normalerweise durch ein Pulsformungsnetzwerk gezündet. Dieses besteht, nach dem Prinzip eines Schwingkreises, aus miteinander verschalteten Kondensatoren und Spulen. Je nach Dimensionierung und Verschaltung werden Form und Dauer des Blitzimpulses beeinflusst. Pulsdauer und Pulsintensität sind die beiden wichtigsten FLA-Parameter und werden durch die Halbwertsbreite des Profils und die Energiedichte des Blitzes definiert. Typische Werte dafür liegen im Bereich von 0,1 ms bis 20 ms und 10 J/cm^2 bis 100 J/cm^2. Ein weiterer relevanter Parameter ist das Emissionsspektrum der jeweiligen Blitzlampe, das sich aus den Emissionslinien des Gases (Xe oder einem anderen Edelgas) und einem breiten Spektralbereich von UV bis IR zusammensetzt. Während das Breitband durch Kollisions- und Rekombinationsereignisse im Plasma verursacht wird, sind die Linienmerkmale

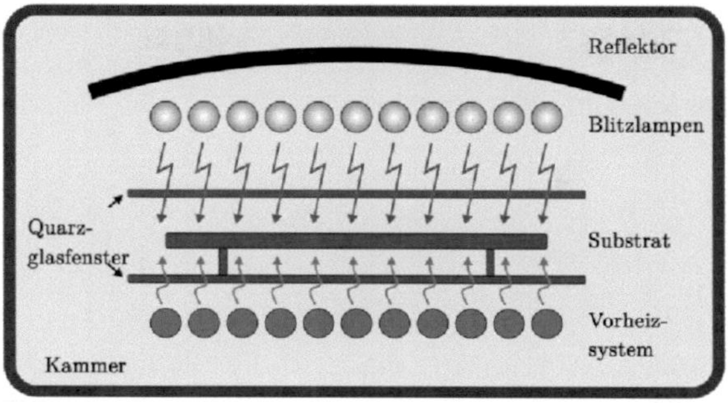

Abbildung 2.8: Schema einer FLA-Prozesskammer mit allen relevanten Elementen. Das Vorheizsystem ist optional. [53]

auf innere Übergänge innerhalb der entsprechenden Edelgasionen zurückzuführen.

2.2.4 Einflussfaktoren bei der Blitzlampentemperung

Das Resultat der thermischen Nachbehandlung durch den FLA-Prozess hängt von vielen verscheidenden Faktoren ab. Für den Prozess ist das Temperaturprofil, welches sich innerhalb der Probe bildet, von Bedeutung. Dieses hängt sowohl von den Lampeneigenschaften als auch von den optischen und thermischen Eigenschaften des Materialsystems ab. Während die Zeit der Temperatureinwirkung (die Temperzeit) eng mit der Pulsdauer zusammenhängt, ist der Themenbereich der realen Temperatur ziemlich komplex. Hierbei bestimmen die optischen Konstanten des Materials den Anteil von Licht, der reflektiert, absorbiert oder transmittiert wird. Die Reflexionen der Kammerwände erhöhen effektiv die Absorption von Licht. Die Eigenschaften des Lichtimpulses bestimmen hauptsächlich das Temperaturprofil an der Probenoberfläche. Hingegen sind Abstrahlung, Wärmeleitung sowie Schichtdicke dafür verantwortlich, wie schnell sich die Wärme in die Tiefe ausbreitet.

Den Ablauf eines FLA-Prozesses, angefangen bei der Ladespannung U_0 bis zum Temperaturprofil in der Probe, zeigt schematisch Abbildung 2.9.

In der Darstellung sind auf der linken Seite vier Haupteinflussfaktoren aufgelistet, die das Resultat des FLA-Prozess beeinflussen. Auf diese soll im folgenden kurz eingegangen werden.

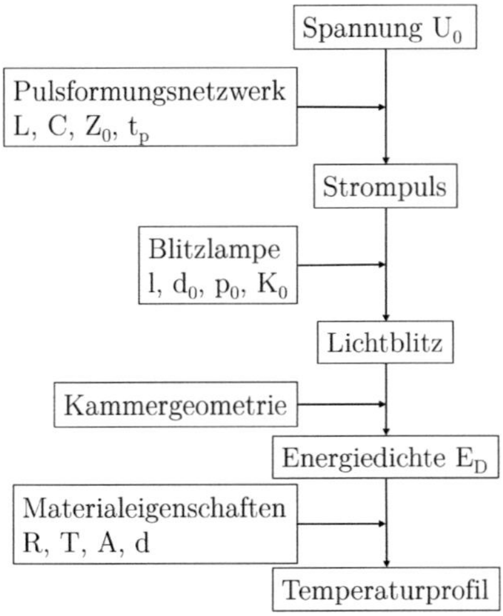

Abbildung 2.9: Ablauf des FLA-Prozesses, auf linken Seite die vier Haupteinflussfaktoren.

Das **Pulsformungsnetzwerk** besteht im wesentlichen aus einem elektrischen Schwingkreis. Ein Netzwerk aus Spulen und Kondensatoren bestimmt die FLA-Parameter, Pulsdauer und maximal verfügbare Energie. Die Energie (E_0) des Blitzes hängt von der Kapazität (C) und der Ladespannung (U_0) der Kondensatoren nach folgender Formel ab:

$$E_0 = \frac{1}{2} \cdot C \cdot U_0^2 \tag{2.1}$$

Die Pulszeit t_p wird durch die Kapazität und die Induktivität (L) des gesamten Netzwerkes bestimmt. Es gilt näherungsweise:

$$t_p \sim \sqrt{L \cdot C} \tag{2.2}$$

Die Impedanz des Schwingungskreises (Z_0) beeinflusst die Form des Strompulses und ist gegeben durch:

$$Z_0 = \sqrt{\frac{L}{C}} \tag{2.3}$$

Die Parameter, welche die **Blitzlampe** beschreiben, sind die Arc-Länge l, der Durchmesser d_0, das Füllgas und der Gasdruck p_0. Die elektrischen Eigenschaften einer Blitzlampe werden mit der Impedanz der Lampe K_0 beschrieben. Für Xenon gefüllte Lampen gilt:

$$K_0 = 1,28 \frac{l}{d_0} \cdot \left(\frac{p_0}{450} \right)^{0,2} \tag{2.4}$$

Weitere Einflüsse der Lampen werden gesondert im Kapitel 2.2.5 kurz genannt.

Die **Kammergeometrie** hat Einfluss auf die Reflexion des emittierten Spektrums der Blitzlampe. Für die Nachbehandlung ist die Energiedichte E_D von Bedeutung. Dabei handelt es sich um die Energiedichte, welche auf der zu behandelnden Oberfläche ankommt.

Die **Materialeigenschaften** wie Absorption, Transmission und Reflexion haben Auswirkung auf das Resultat der FLA-Nachbehandlung. Von diesen Eigenschaften hängt es ab, wie viel der auftreffenden Energie im FLA-Prozess in thermische Energie umgesetzt wird. Abbildung 2.10 zeigt die physikalischen Phänomene, welche beim FLA-Prozess auftreten:

(A) Strahlung der Lampe zur Oberfläche

(B) Reflexion an der Oberfläche

(C) Lichtabsorption im Material nach dem Lambert-Beer'schen Gesetz

(D) Wärmestrahlung von der warmen Oberfläche nach dem Stefan-Boltzmann-Gesetz

(E) Wärmeleitung im Material nach dem Fourierschen Gesetz

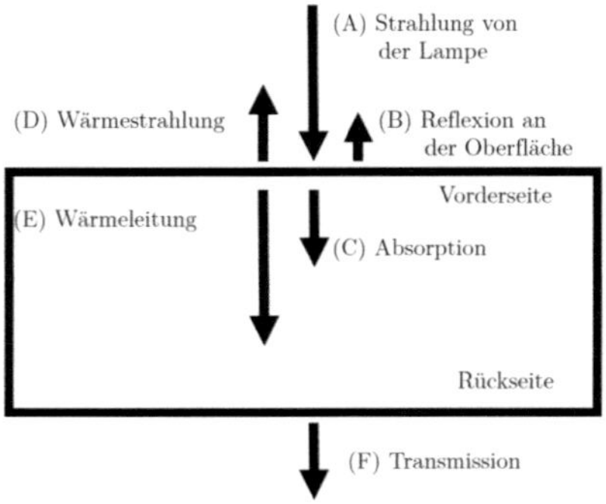

Abbildung 2.10: wesentliche Transportphänomene beim FLA aus [27]. Interne Reflexion wurde vernachlässigt.

Durch die Absorption kommt es zur Erwärmung des Materials. Gebel et al. zeigen in ihrer Studie [20] simulierte Temperaturprofile an der Oberfläche und in verschiedenen Tiefen einer Indiumzinnoxidschicht auf einem 200 μm dickem Glassubstrat. Diese sind in Abbildung 2.11 dargestellt. Die Oberflächentemperatur steigt mit einer bestimmten Rampe an und erreicht durch die steigende Flanke des Blitzimpulses ein Maximum und fällt ab bis zu einer Gleichgewichtstemperatur. Für tiefere Schichten ist der Verlauf des Temperaturprofils ähnlich, jedoch nimmt die Spitzentemperatur mit zunehmender Tiefe ab. Schließlich erreicht die Temperatur an der Rückseite eine Gleichgewichtstemperatur.

Weitere Grundlagen zum FLA und zur Theorie zur Wärmeausbreitung beim FLA-Prozess zeigen Untersuchungsergebnisse von Habuka et al.[27] sowie in [18]. Einen Vergleich zwischen dem FLA-Prozess und anderen RTP-Methoden geben Prucnal et al. [51]. Rebohle et al. [52, 53] zeigen einen guten Überblick zum Thema FLA, mit weiterführenden Quellen.

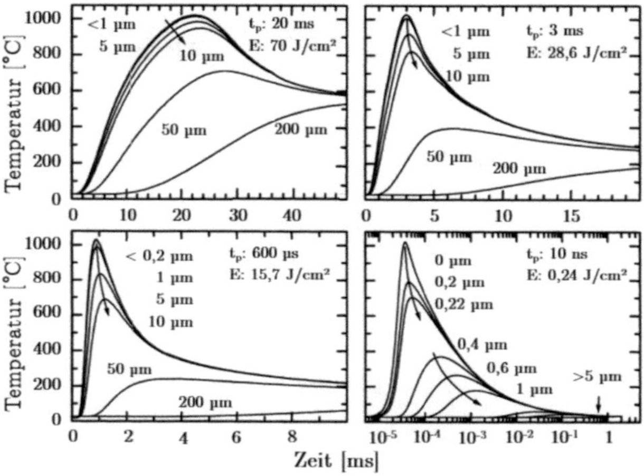

Abbildung 2.11: Simulation der Temperaturprofile in einer 150 nm ITO-Schichte auf einem 200 μm dickem Glassubstrat beim FLA-Prozess, mit unterschiedlichen Pulszeiten aus [20].

2.2.5 Einflussfaktoren der Blitzlampe

Die Blitzlampe ist eine Gasentladungslampe, in der die Gasentladung nicht kontinuierlich, sondern in einem kurzen Zeitbereich stattfindet. Während eines solchen Impulses wird ein zuvor aufgeladener Energiespeicher (Kondensator) in sehr kurzer Zeit durch die Blitzlampe entladen. Die Blitzlampen bestehen aus dem Röhrenmaterial, den Elektroden und dem Füllgas. Alle Komponenten haben einen Einfluss auf das resultierende Spektrum des Blitzes. Im folgenden sollen diese kurz erläutert werden. Als weiterführende Literatur sind hier die Handbücher der Lampenhersteller *Heraeus Nobellight Limited* [31] und *PerkinElmer optoelectronics* [50] zu nennen.

- **Röhrenmaterial**: Das gewählte Röhrenmaterial muss transparent sein, um die in der Lampe erzeugte Strahlung durchlassen zu können. Es muss außerdem hermetisch abgeschlossen sein, hohen Temperaturen standhalten und mechanisch fest sein. Das am häufigsten verwendete Röhrenmaterial beim Bau von Blitzlampen ist transparentes Quarzglas (auch Kieselglas genannt [56]). Es gibt drei Hauptgruppen von Quarzgläsern, welche in der Blitzlampe verwendet werden: reines und dotiertes natürliches Quarzglas, sowie reines synthetisches Quarzglas. Sie unterscheiden sich in der Transmission im UV-Bereich des Spektrums. In Abbildung 2.12 sind beispielhaft die Transmissionen im UV-Bereich von verschiedenen Röhrenmaterialien dargestellt. [31, 50]

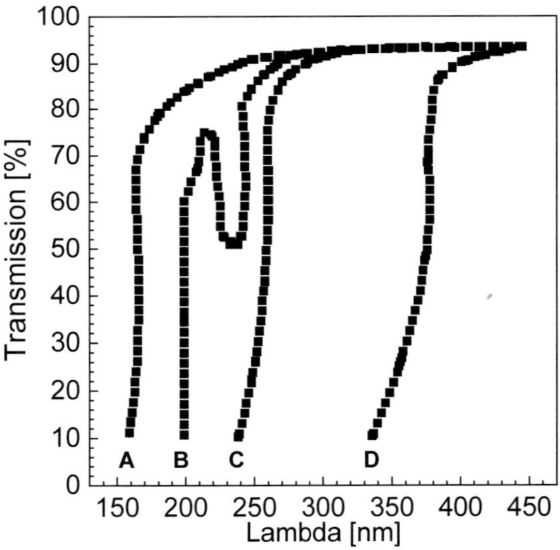

Abbildung 2.12: Transmission von Röhrenmaterialien im UV-Bereich des Spektrums. **A** synthetisches Quarzglas **B** reines natürliches Quarzglas **C** UV-absorbierendes Titan-dotiertes Quarzglas **D** UV-absorbierendes Cerium-dotiertes Quarzglas. Aus [31].

- **Elektroden**: In der Lampe wird zwischen den Elektroden das Gas Ionisiert. Es entsteht ein Licht emittierendes Plasma. An der Anode geht es vor allem um die Strombelastung durch Elektronenbeschuss aus dem Lichtbogen, während die Kathode in der Lage sein muss, eine ausreichende Menge an Elektronen zuzuführen (niedrige Austrittsarbeit), ohne die Oberfläche zu beschädigen (Sputtern). [31, 50]

- **Füllgas**: Xenon und Krypton werden normalerweise als Füllgase für Blitzlampen gewählt. Das Spektrum setzt sich aus einem diskreten Linienspektrum im nahen Infrarot und einem kontinuierlichen Spektrum über den gesamten Wellenlängenbereich zusammen. Der kontinuierliche Anteil ist das Ergebnis von Strahlung, die durch das Abbremsen von Ionen und Elektronen aufgrund von Kollisionen und durch Rekombination von Ionen mit freien Elektronen erzeugt wird. Linienspektren im nahen Infrarot entstehen durch Übergänge von Elektronen zwischen den Energieniveaus von Atomen und Ionen. Beide Anteile sind abhängig vom Füllgas und Gasdruck. Abbildung 2.13 zeigt beispielhaft die Emissionsspektren einer Xe und einer Kr Blitzlampe. [31, 50]

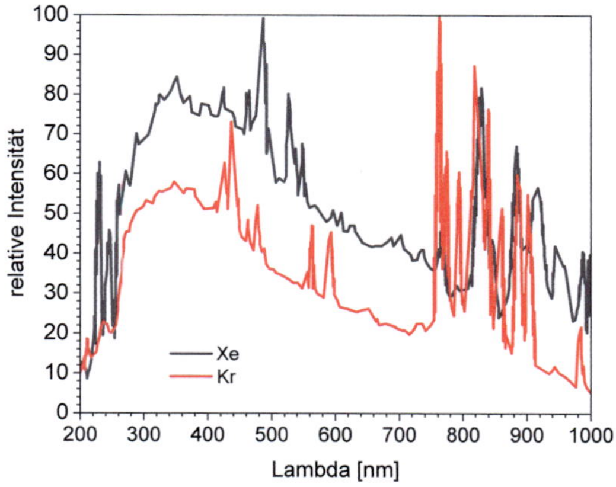

Abbildung 2.13: Emissionsspektren einer Xe und einer Kr Blitzlampe. Aus [50].

- **Gasdruck**: Der Gasdruck in Blitzlampen wird in Torr oder Atmosphäre angegeben. Der maximale Druck liegt bei 3000 Torr. Bei höheren Drücken kommt es zu Zündproblemen. Bei Drücken unter 100 Torr kann es zu Sputtereffekten an der Kathode kommen. Der Fülldruck kann geändert werden, um die elektrischen Parameter der Lampe zu ändern. Beispielsweise ermöglichen niedrigere Drücke niedrigere Trigger- und Ladespannungen. Xenon-Blitzlampen werden typischerweise bis zu Drücken zwischen einer Atmosphäre und drei Atmosphären gefüllt. [31, 50]

2.3 Transparente leitfähige Oxide

Die meisten optisch transparenten und elektrisch leitenden Oxide (TCO) sind binäre oder ternäre Verbindungen, die ein oder zwei metallische Elemente enthalten. Es handelt sich um Halbleitermaterialien mit einer Bandlücke $> 3\,\text{eV}$. Aufgrund dieser großen Bandlücke ist der Extinktionskoeffizient k im sichtbaren Wellenlängenbereich (VIS) niedriger als $0,0001$. Der Extinktionskoeffizient ist ein Maß für die Schwächung einer auftreffenden elektromagnetischen Welle. Die Abschwächung erfolgt durch Streuung und Absorption [43]. Der spezifische Widerstand von TCO-Schichten liegt in der Größenordnung um $10^{-4}\,\Omega\text{cm}$. Die Kombination aus Leitfähigkeit und Transparenz ist bei stöchiometrischen Oxiden normalerweise nicht möglich. Diese wird erreicht, indem eine nicht-stöchiometrische Zusammensetzung hergestellt oder geeignete Dotierstoffe eingebaut werden. Das Dotieren der Oxide führt zu einer verbesserten elektrischen Leitfähigkeit, ohne deren optische Eigenschaften zu beeinträchtigen. Zu den am häufigsten verwendeten TCO-Schichten gehören Aluminiumdotiertes Zinkoxid (AZO), Indiumzinnoxid (ITO) und Antimon- oder Fluor-dotiertes Zinndioxid (ATO und FTO). Besonders intensiv wird ITO eingesetzt. Die möglichen Anwendungen von TCO-Schichten umfassen folgende Bereiche: transparente Elektroden für Flachbildschirme, Solarzellen oder Leuchtdioden, Fenster mit niedrigem Emissionsgrad, Scheibenentfroster und transparente Dünnschichttransistoren. [22, 25, 28, 41]

B. Heimke [30] gibt in seiner Arbeit eine gute zusammenfassende Darstellung von Herstellungsmethoden wieder. TCO-Schichten werden in der Dünnschichttechnologie vor allem durch Sputtern (PVD) hergestellt. Es gibt auch Herstellungsverfahren, die mit verschiedenen Methoden des Verdampfens arbeiten. Zu nennen sind das thermische Verdampfen [49, 55], das Elektronenstrahl- [28, 57], das Ionenstrahl- [38] und das Laserstrahlverdampfen [2, 37]. Des Weiteren können TCO-Schichten durch Sol-Gel [42] oder Sprühpyrolyse [7] oder durch chemische Gasphasenabscheidung (CVD) [44] hergestellt werden. Überblick über den Zusammenhang der Schichteigenschaften mit dem Sauerstoffpartialdruck bei der Herstellung durch Sputtern geben [4, 11, 17, 26] und [36]. Weitere wichtige Parameter bei der Herstellung durch Sputtern sind der Sputterdruck [6, 39, 46] und die Sputterleistung [6]. Durch eine Temperaturbehandlung sinkt der spezifische Widerstand der Schichten erheblich, die Absorption in der Schicht nimmt ab. Dies gilt sowohl für die Abscheidung auf heiße Substrate [45], als auch beim nachträglichen Tempern der Schichten [5, 23].

Eine gute Zusammenfassung der Eigenschaften und der Einteilung von TCO's und deren Anwendungen, sowie verschieden Auswahlkriterien schildert Gordon in „Criteria for Choosing Transparent Conductors" [24].

2.3.1 Optische Eigenschaften von TCO-Schichten

Bei Untersuchungen in der Masterarbeit [63] konnten bereits folgenden Grundlagen zur Transmission, Reflexion und Absorption einer 1000 nm dicken TCO-Schicht erarbeitet werden. Abbildung 2.14 zeigt den Verlauf der entsprechenden Kurven im Diagramm. Diese lassen sich in drei Wellenlängenbereiche einteilen, in denen das Verhalten durch verschiedene Wechselwirkungen zwischen Licht und Material beeinflusst wird.

Bereich I: Bis zu einer Wellenlänge zwischen λ= 300 nm bis 400 nm kommt es zur Absorption des einfallenden Lichtes. Die Energie der Photonen reicht aus, um Elektronen aus dem Valenzband ins Leitungsband anzuheben. Die Absorptionskante entspricht bei undotiertem Material der Bandlücke E_{g0} in Abbildung 2.15 a. Da TCO-Schichten eine Bandlücke von größer als 3,0 eV besitzen, liegt die Kante der Absorption im UV-Bereich.

Die Größe der Bandlücke wird bei Dotierung von zwei Effekten beeinflusst. Austauschwechselwirkungen der Elektronen und Wechselwirkungen zwischen Dotieratomen und freien Elektronen bewirken eine Verkleinerung der Bandlücke. Dagegen beschreibt die Burstein-Moss-Verschiebung den Effekt der Vergrößerung der Bandlücke aufgrund steigender Ladungsträgeranzahl [10, 47]. Die Ursache hier für beruht darauf, dass im entarteten n-dotierten Halbleiter auch besetzte Zustände im Leitungsband zu finden sind (Abbildung 2.15 b). Nach dem Pauli-Prinzip, bei dem ein Zustand nur einmal besetzt werden kann, können bereits besetzte Zustände nicht durch angeregte Elektronen doppelt besetzt werden. Daher müssen die Elektronen in Zustände angeregt

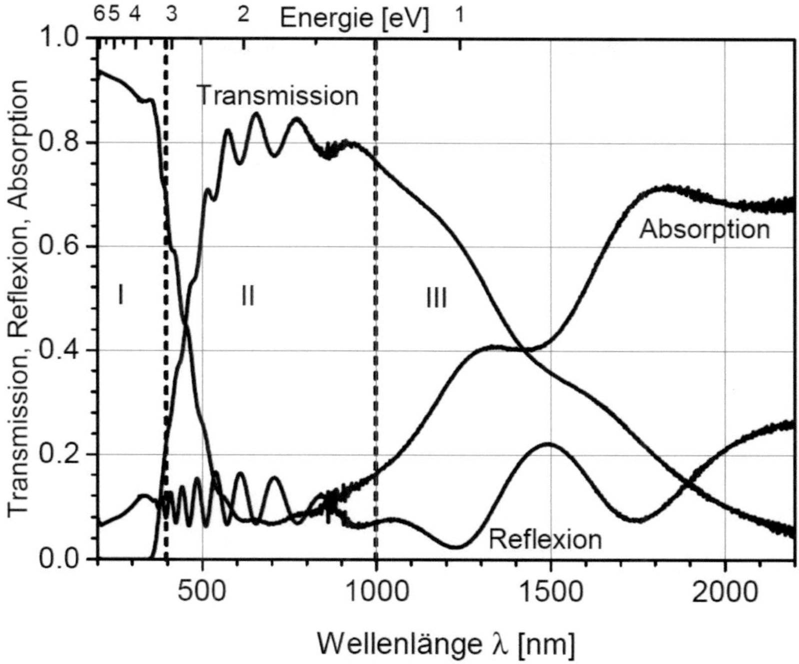

Abbildung 2.14: Einteilung der Transmissions-, Reflexions- und Absorptionsspektren einer 1000 nm dicken TCO-Schicht in drei Bereiche im Wellenlängenbereich von 300 nm bis 2000 nm. [63]

werden, welche über den bereits besetzten Zuständen liegen. In der Transmissionskurve wird die Vergrößerung der optischen Bandlücke durch eine Verschiebung des Anstieges zu kleineren Wellenlängen deutlich. In Abbildung 2.15 c ist die resultierende Bandstruktur dargestellt. [32, 40, 58]

Bereich II: Ab einer Wellenlänge zwischen $\lambda = 300$ nm bis 400 nm nimmt die Transmission schlagartig zu. Die Energie der Photonen reicht

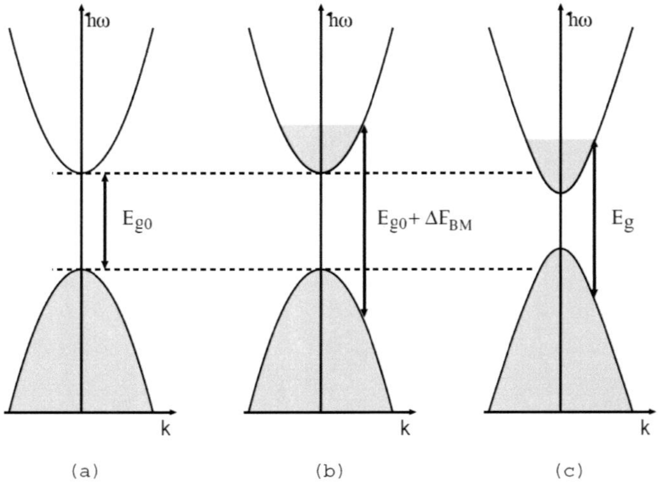

Abbildung 2.15: Darstellung der Vergrößerung und Verkleinerung der Bandlücke einer parabolischen Bandstruktur: a) undotierter Halbleiter, b) entarteter n-dotierter Halbleiter mit besetzten Zuständen im Leitungsband und vergrößerte Bandlücke durch den Burstein-Moss-Effekt, c) durch Vielteilcheneffekte verkleinerte Bandlücke. [32]

nicht mehr aus, um Elektronen aus dem Valenzband ins Leitungsband anzuheben; das einfallende Licht wird nicht mehr absorbiert. Bis zu einer Wellenlänge um 1000 nm bleibt die Transmission hoch. Bei dickeren Schichten sind in diesem Bereich Interferenzen in der Transmissions- und Reflexionskurve zu sehen.

Bereich III: Die Absorption steigt im Nahinfrarot (NIR) mit größer werdender Wellenlänge an. Die freien Ladungsträger können dem wechselnden $\vec{E}$-Feld der elektromagnetischen Strahlung folgen. Bei Ladungstägerkonzentrationen $n > 10^{20} cm^{-3}$ können die Elektronen wie bei Metallen näherungsweise als ein freies Elektronengas angesehen werden [12]. Man bezeichnet den Übergang vom transparenten sichtbaren

Bereich zum NIR mit sinkender Transmission als Plasmakante. Die sogenannte Plasmawellenlänge λ_p beschreibt die Resonanz des freien Elektronengases mit der einfallenden elektromagnetischen Strahlung [32].

2.3.2 Elektrische Eigenschaften von TCO-Schichten

Für gute elektrische Eigenschaften muss die Anzahl von freien Ladungsträgern im Leitungsband erhöht werden. Eine Möglichkeit ist die Dotierung. Dabei wird durch Einbringen von Fremdatomen in das Kristallgitter (extrinsische Dotierung) oder durch unterstöchiometrisches Wachstum (intrinsische Dotierung, z. B. Sauerstofffehlstellen) die elektronische Struktur des Materials verändert. Fremdatome, die ein Elektron mehr aufweisen als das Grundmaterial, führen zu elektronenleitenden Materialien (n-leitend), in diesem Fall spricht man von Donatoren. Besitzt das zusätzlich eingebaute Element ein Elektron weniger, so kommt es zu löcherleitendem Material (p-leitend); in diesem Fall spricht man von Akzeptoren. Weitere Erklärungen hierzu sind im „Handbook of Semiconductor Manufacturing Technology“ [15] zu finden. Alle transparenten leitfähigen Oxide sind Halbleiter, die meisten mit n-Typ Leitung. Die dafür notwendigen freien Elektronen entstehen entweder durch unterstöchiometrisches Wachstum oder durch Substitution der Metallkomponente durch Donatoren.

Die elektrische Leitfähigkeit σ beziehungsweise der spezifische elektrische Widerstand ρ sind abhängig von der Ladungsträgerdichte n und deren Beweglichkeit μ, wobei e der Elementarladung entspricht:

$$\sigma = \frac{1}{\rho} = e \cdot n \cdot \mu \tag{2.5}$$

Die Ladungsträgerdichte wird von der Anzahl der Donatoren im Material beeinflusst. Die Beweglichkeit der Ladungsträger μ ist von der effektiven Masse der Elektronen m_e und der Relaxationszeit τ abhängig:

$$\mu = \frac{e \cdot \tau}{m_e} \tag{2.6}$$

Der Unterschied zwischen der Elektronenmasse und der effektiven Elektronenmasse rührt von der Tatsache her, dass die Elektronen sich im Kristallpotential bewegen. Elektronen in einem Kristall verhalten sich ähnlich wie freien Teilchen im Vakuum, nur mit einer veränderten Masse. Die Ladungsträger werden durch Streuung an ihrer Bewegung gehindert. Die Relaxationszeit τ der Ladungsträger ist von der mittleren freien Weglänge der Ladungsträger abhängig. Die mittlere freie Weglänge beschreibt die Strecke, die ein Elektron im Durchschnitt zurücklegt, bevor es zu einer Wechselwirkung mit einem anderen Teilchen kommt. Die Relaxationszeit ist somit die Zeit zwischen zwei Streuereignissen. Die Streumechanismen beeinflussen damit wesentlich die Beweglichkeit μ und somit die elektrischen Leitfähigkeit σ. Für TCO-Schichten sind folgende Streumechanismen zu nennen, da diese den größten Einfluss besitzen: Streuung an ionisierten Störstellen (μ_i), Streuung an neutralen Störstellen (μ_n), Streuung an Korngrenzen (μ_{kg}), Streuung durch Phononen (μ_{ph}) und Streuung an der Oberfläche (μ_o). [16, 30, 35, 62]

Nach der Matthiessenschen Regel [3] addieren sich die Anteile der Landungsträgerbeweglichkeit zur resultierenden Landungsträgerbeweglichkeit. Die jeweiligen Streumechanismen sollen im Folgenden näher erläutert werden:

- Streuung an ionisierten Störstellen μ_i: Die freien Bindungen der Donatoren bzw. Sauerstofffehlstellen im Gitter bilden ionisierte Störstellen. Dieser Effekt dominiert für Ladungsträgerdichten $< 1 \cdot 10^{19} cm^{-3}$.

- Streuung an neutralen Störstellen μ_n: Durch Defekte im Atomgitter kann es zu neutralen Störstellen kommen.

- Streuung an Korngrenzen μ_{kg}: Dieser Effekt tritt in polykristallinen Schichten auf. An Korngrenzen bilden sich unterschiedliche Potentiale in der Bandstruktur aus. Es kommt zu Potentialbarrieren, die von den Ladungsträgern überwunden werden müssen.

- Streuung an Phononen μ_{ph}: Die Wechselwirkung mit Gitterschwingungen ist abhängig von der Temperatur und wird meist erst bei hohen Temperaturen relevant.

- Streuung an der Oberfläche (μ_o): Ladungsträger können an ungesättigten Bindungen des Gitters gestreut werden.

3 Experimenteller Teil

Bei den durchgeführten Versuchen stand die Implementierung eines neuen Blitzlampenmoduls an die In-Line Anlage ILA900 im Vordergrund. Alle Schichten werden am Fraunhofer FEP in der In-Line Sputteranlage ILA 750 hergestellt. Der Transfer der nachzubehandelnden Proben erfolgte im Reinraum. Im folgenden Kapitel wird auf die experimentellen Grundlagen zur Schichtabscheidung, die dynamische Blitzlampentemperung mit dem Lampenmodul Xenon Flash Lamp Modul FLA 2x360w der Firma ROVAK GmbH und der Charakterisierung der Blitze, sowie der Charakterisierung der ITO-Schichten eingegangen.

3.1 Schichtabscheidung

Um den Einfluss der Blitzlampentemerpung auf gesputterte ITO-Schichten untersuchen zu können, wurden Schichten mit einer Dicke von 150 nm bei 3 kW mittels DC-Magnetronsputtern bei Raumtemperatur (RT) auf 3 mm dickes Borosilikatglas abgeschieden. Der Sauerstofffanteil im Sputtergas wurde von 2 bis 5 sccm variiert. Alle Schichten wurden in der In-Line Sputteranlage ILA 750 hergestellt. In Abbildung 3.1 ist eine Aufsicht der Beschichtungsanlage schematisch dargestellt. Technische Details und Prozessparameter sind in Tabelle 3.1 zusammengefasst. Es wurde ein ITO-Target mit einem Verhältnis In_2O_3:SnO_2 von 90:10 wt% genutzt. Die ITO-Schichten wurden dynamisch abgeschieden. Die Transportpalette bewegte sich in horizontaler Richtung an dem vertikal ausgerichteten Target vorbei. Die horizontale Durchfahrt gewährleistet eine homogene Schichtabscheidung über die gesamte Breite der Transportpalette. Über die Geschwindigkeit und die Anzahl der Vorbeifahrten kann die gewünschte Schichtdicke erreicht werden. Zur Substratvorbehandlung dient ein inverser Sputterätzer mit Argon. Dieser entfernt die oberste Glasschicht des Substrates vor der Abscheidung der Schicht. Die Beschichtung wird nur am Single Magnetron Sputter System (SMS-System) durchgeführt. Das Double Magnetron Sputter System (DMS-System) wird in dieser Arbeit nicht verwendet. Das Polycold ist eine Kühlfalle dient dazu, Wasserdampf und andere kondensierbare Substanzen innerhalb der Prozesskammer einzufangen und die Qualität des Vakuums konstant zu halten.

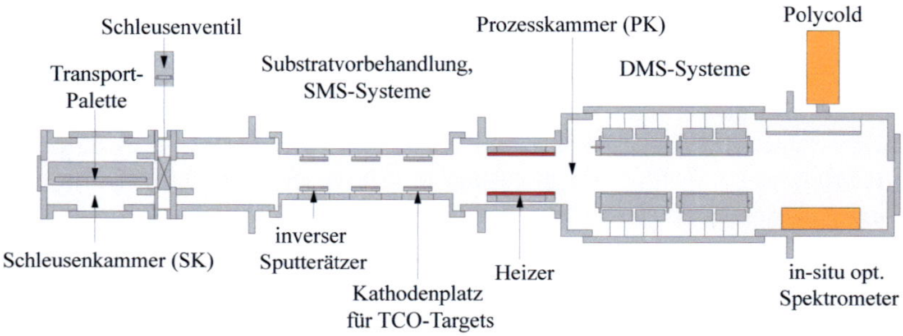

Abbildung 3.1: Schema der In-Line Sputteranlage ILA 750 in der Draufsicht.

Tabelle 3.1: Details zum Anlagenaufbau und zum Sputterprozess.

Beschichtungsanlage:	In-Line Sputteranlage *ILA 750*
Basisdruck:	$3 \cdot 10^{-4}\,\mathrm{Pa}$
Arbeitsdruck:	$0.01\,\mathrm{Pa} < p < 1\,\mathrm{Pa}$ mit Druckregelung
Substratvorbehandlung:	inverses Sputterätzen
Stromversorgung:	*DC-Stromversorgung MDXII* von *Advanced Energy*
Targets:	wassergekühlte planare *PK750 Targets* von *Leybold* mit einer Fläche von $(750 \times 120)\,\mathrm{mm}^2$
maximale Substratgröße:	$(400 \times 600)\,\mathrm{mm}^2$
Prozessgas:	Argonflüsse von 200 sccm
Sputtermodus:	DC mit Leistungen P_S 3 kW
Magnetische Feldstärke:	35 kA/m im Sputtergraben
Beschichtung:	Prozessdruck: 0.3 Pa Prozessgas: 200 sccm Argon Reaktivgas: 0 – 6 sccm Sauerstoff Leistung: 3 kW dynamisch, 0.24 m/min

3.2 Blitzlampentemperung

Die Nachbehandlung der Schichten mittels Blitzlampentemperung erfolgte am Fraunhofer FEP in Dresden mit dem "Xenon Flash Lamp Modul FLA 2x360w" der Firma ROVAK GmbH. Das Modul ist an die Beschichtungsanlage ILA 900 angebracht. Mit der In-Line Sputteranlage ILA 900 können Schichten und Schichtsysteme auf Flachsubstrate bis zu einer Größe von 1200 x 600 x 60 Millimetern aufgebracht und behandelt werden. Für den Vergleich mit vorangegenagen Arbeiten wurden die Schichten an der ILA 750 abgeschieden und an der ILA 900 thermisch nachbehandelt. Der Transfer der Proben erfolgte im Reinraum. Abbildung 3.2 zeigt die In-Line Sputteranlage ILA 900.

Abbildung 3.2: Vertikale In-Line Sputteranlage ILA 900 am Fraunhofer FEP in Dresden.

Abbildung 3.3 zeigt das Xenon Flash Lamp Modul FLA 2x360w an der ILA 900.

Das FLA-Lampenmodul besteht aus zwei versetzt angeordneten Blitzlampen mit jeweils einer Arclänge von 360 mm. Durch die versetzte Anordnung soll ein homogen bestrahlter Bereich von bis zu 600 mm realisiert werden. Abbildung 3.4 zeigt das Schema des Lampenmoduls.

Horizontal haben die Lampen eine Distanz von 10 cm. Vertikal kann der Abstand zwischen der oberen und unteren Lampe variiert werden.

Abbildung 3.3: Xenon Flash Lamp Modul FLA 2x360w der Firma ROVAK GmbH an der vertikalen In-Line Sputteranlage ILA 900. Die Höhe des Moduls beträgt 1 m.

Der maximale Abstand zwischen der Unterkante der oberen Lampe und der Oberkante der unteren Lampe beträgt 7 cm. Der geringste Abstand zwischen den Kanten der Lampen kann auf 5 cm eingestellt werden. Durch die Variation des Abstandes der Lampen kann die Gesamthöhe der zu behandelnden Fläche festgelegt werden. Die Zone zwischen den Lampen wird als Übergangszone definiert.

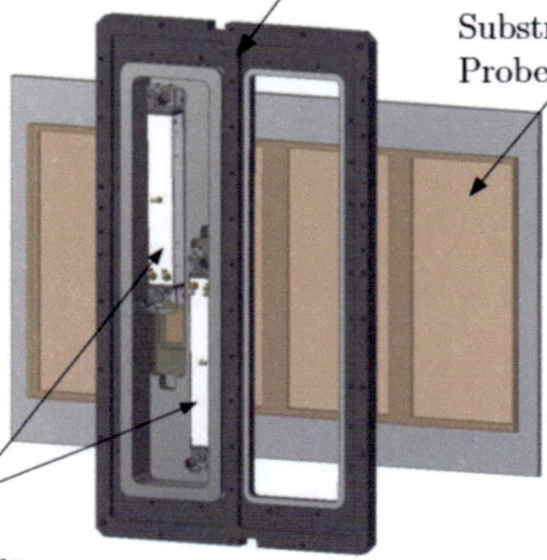

Abbildung 3.4: Schema des Xenon Flash Lamp Modul FLA 2x360w der Firma ROVAK GmbH.

Der FLA-Prozess kann sowohl an Atmosphäre als auch im Vakuum statt finden. Die Lampen befinden sich atmosphärenseitig. Eine Quarzglasscheibe dichtet die Lampe gegenüber dem Vakuum ab. Abbildung 3.5 zeigt schematisch das FLA-Modul in der Seitenansicht. Der Abstand zwischen Außenseite der Lampenröhre und der Substratoberfläche kann zwischen 32 mm bis 52 mm variiert werden.

Das Blitzlampenmodul Xenon Flash Lamp Modul FLA 2x360w der Firma ROVAK GmbH ist für den dynamischen Blitzbetrieb ausgelegt. Es kann mit einer maximalen Wiederholungsrate der Blitze von bis zu 5 Hz gearbeitet werden. Die Blitzabstandszeit ist abhängig von der gewählten Pulszeit und der eingestellten Ladespannung. Die Geschwindigkeit des Transportsystems wird dabei so angepasst, dass ein kleiner Überlappungsbereich der behandelten Flächen entsteht. Abbildung 3.6 zeigt eine schematische Aufsicht des FLA-Systems und der Vakuumkammer.

Die von einem einzelnen Blitz behandelte Fläche wird als geblitzte Zone definiert. Dies ist nur ein Teil der zu behandelnden Gesamtfläche. Um die geblitzte Zone zu charakterisieren wurden zahlreiche stati-

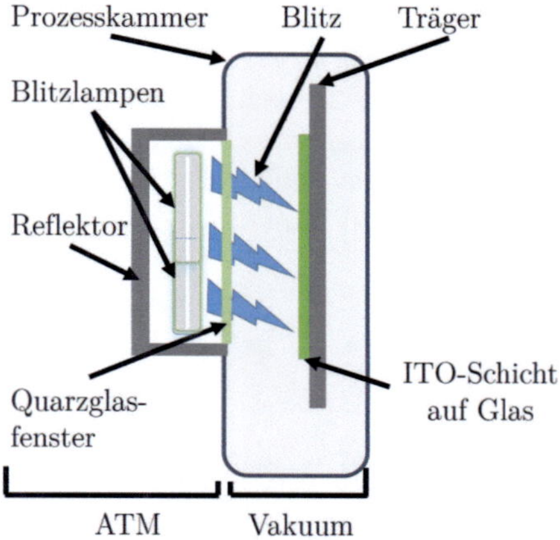

Abbildung 3.5: Schematishe Seitenansicht des FLA-Moduls.

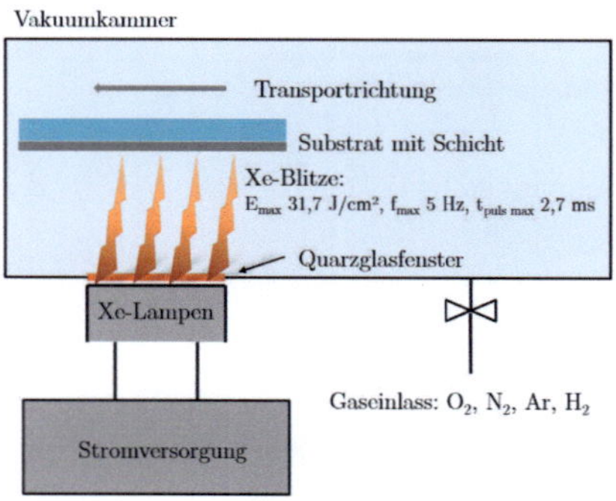

Abbildung 3.6: Schematische Aufsicht des FLA-Moduls und FLA-Parameter.

sche FLA-Versuche durchgeführt. Beim statischen FLA-Prozess wird dieselbe Oberfläche mit einem oder mehreren Lichtblitzen behandelt. Dagegen erfolgt beim dynamischen Blitzen eine Relativbewegung zwischen Lampenmodul und Substrat. Das Substrat bewegt sich auf einem

Substrathalter mit einer definierten Geschwindigkeit (v) an der Blitzlampe vorbei. Der dynamische FLA-Prozess ist schematisch in Abbildung 3.7 dargestellt. Der Bereich, welcher durch mehrere Blitze beleuchtet wird, wird als Überlappungsbereich definiert. In [62] wurde gezeigt, das Mehrfachblitze keine Auswirkung auf den Schichtwiderstand und die Transparenz der Schichten haben.

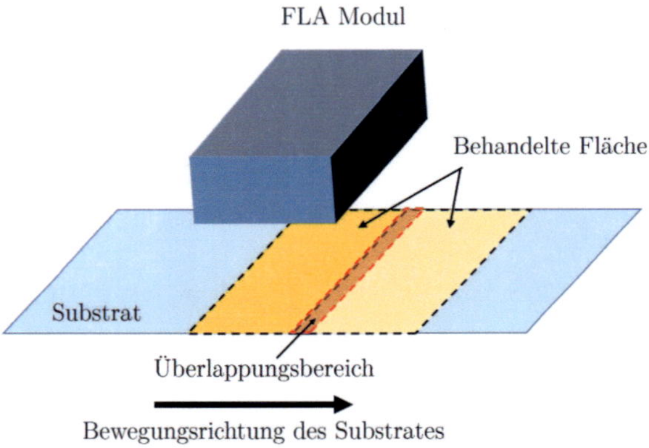

Abbildung 3.7: Schematische Darstellung des dynamischen FLA-Prozess.

Es sind acht Pulszeiten t_p von 300 μs bis 2,7 ms einstellbar. Die maximale Ladespannung der Stromversorgung beträgt 4 kV; technisch bedingt kann diese nicht bei allen Pulszeiten erreicht werden. In Tabelle 3.2 sind die möglich einstellbaren Pulszeiten t_p der Stromversorgung, die jeweils maximale Ladespannung U_{max} sowie die daraus resultierende maximale Energiedichte E_{max} bis 31,7 J/cm^2 zusammengefasst.

Tabelle 3.2: Zusammenfassung der einstellbare Pulszeiten t_p mit den jeweilige maximale Ladespannung U_{max} sowie die daraus resultierende maximale Energiedichte E_{max}.

t_p [μs]	330	425	550	800	1000	1200	2200	2700
U_{max} [kV]	4	4	4	3,2	3,5	4	3	3,7
E_{max} [J/cm^2]	6,17	12,35	12,35	15,8	18,9	20,8	24,7	31,7

Die graphische Darstellung in Abbildung 3.8 zeigt den Zusammenhang zwischen der elektrischen Energiedichte E_0 und der Ladespannung U_0 der Kondensatoren der Stromversorgung. Ihr gesetzmäßiges Zusammenwirken ist in den Grundlagen erklärt, siehe Kapitel 2.2.4. Die acht unterschiedlichen Pulszeiten lassen vier zum Teil übereinander liegende Graphen erkennen. Aufgrund der Verschaltung von Kondensatoren in der Stromversorgung ergeben sich bei verschieden Pulszeiten unterschiedliche maximale Ladenspannungen. Die einstellbaren Maximalspannungen sind durch das Schaltprinzip vom Hersteller vorgegeben und nicht beeinflussbar.

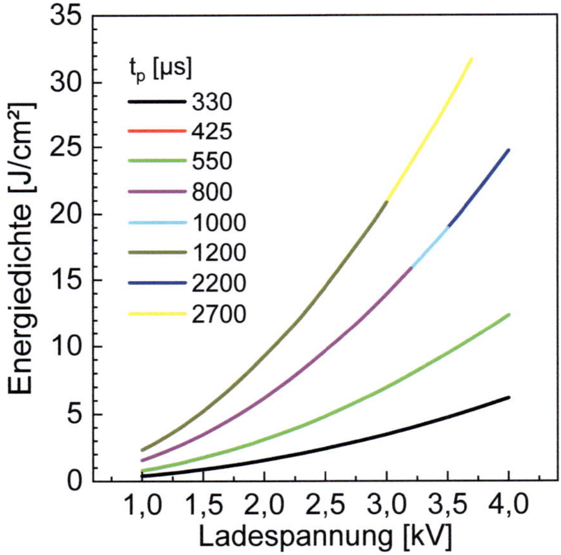

Abbildung 3.8: Abhängigkeit der Energiedichte (E_0) von der Ladespannung (U_0) und der Pulszeit (t_p).

3.3 Charakterisierung der Blitzlampe

Für die Vermessung der Blitze wurde ein *Ocean Optics* USB2000+ Spektrometer genutzt. In Tabelle 3.3 sind ausgewählte Kennwerte zusammengefasst, wie Wellenlängenbereich, Pixelanzahl und Wellenlängenausdehnung in Nanometer pro Pixel. Für die hier erfolgten Messungen wurde dieses Spektrometer verwendet, da es den zu messenden Wellenlängenbereich am besten widergespiegelt.

Tabelle 3.3: Ausgewählte Kennwerte des Spektrometer.

Wellenlängenbereich	Pixelanzahl	Wellenlängenverteilung
nm		Nanometer pro Pixel
190 - 895	2048	0,344

Für die Messungen der Blitze wurde ein Kosinus-Korrektor verwendet. Dieser sammelt Strahlung im Wellenlängenbereich von 200 nm bis 2500 nm aus einem 180°-Raumwinkel ein. Die Funktionsweise ist schematisch in Abbildung 3.9 dargestellt, der Lichteinfall kommt von links. Die Messposition befand sich gegenüber der Lampenmitte.

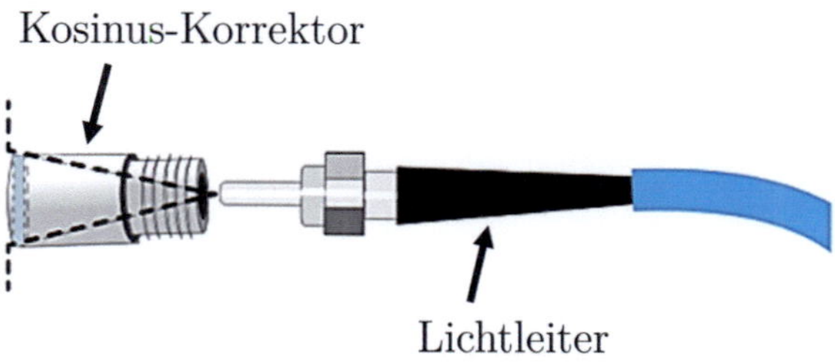

Abbildung 3.9: Kosinus-Korrektor mit 180°-Raumwinkel, der Lichteinfall kommt von links.

Bei dem Blitz handelt es sich um ein hochenergetisches Emissionsspektrum einer Xenon Lampe; daher wurden für die Messungen Neutraldichtefilter (ND-Filter) der Firma *Knight Optical Ltd.* verwendet. Diese Filter schwächen über einen weiten Wellenlängenbereich die Intensität des Blitzes gleichmäßig ab. Die optische Dichte (OD) ist ein Maß dafür, wie viel Licht von einem Filter blockiert oder reflektiert wird. Ein hoher OD Wert zeigt eine geringe Transmission (T [%]) an, und eine geringe optische Dichte eine hohe Transmission. Die optische Dichte ist wie folgt definiert:

$$T[\%] = 10^{-OD} \cdot 100\% \tag{3.1}$$

$$OD = -log\left(\frac{T}{100\%}\right) \tag{3.2}$$

In Abbildung 3.10 ist die Abhängigkeit der optischen Dichte der verwendeten ND-Filter (ND 1; ND 1,5; ND 2; ND 3 und ND 2 + ND 3) von der Wellenlänge dargestellt. Ab einer Wellenlänge von 350 nm ist die optische Dichte der Filter nahezu konstant. Es sind geringe Abweichungen vom Idealwert vorhanden. Im UV Bereich weicht die optische Dichte vom Nennwert der Filter ab. Ein Maximum tritt bei 250 nm auf. Beim Filter ND 3 erhöht sich die optische Dichte um 1,5 OD. Für die Messung der Spektren mussten mehrere Filter kombiniert werden. Die resultierende optische Dichte entspricht der Summe der einzelnen verwendeten Filter. Exemplarisch ist in Abbildung 3.10 auch die resultierende optische Dichte der Filter ND 2 und ND 3 dargestellt.

Um die Blitzlampe zu charakterisieren wurde die Bestrahlungsstärke oder auch absolute Intensität der Lampe gemessen. Unter der Bestrahlungsstärke versteht man die Messung der Strahlung pro Flächeneinheit. Für die Messungen der absoluten Intensität wird eine Kalibrierung des Spektrometers unter Verwendung einer Quelle mit bekannter Leistungsabgabe benötigt. Das Spektrum wird mit dem Messaufbau gemessen und mit der bekannten Ausgangsleistung der kalibrierten Quelle verglichen.

Der Kalibrierungsprozess generiert eine Datei mit sogenannten Energieansprechungsdaten für jedes Sensorpixel des Spektrometers (C_p), angegeben in μJ/count. Durch die Berücksichtigung der Messfläche und der Integrationszeit können Bestrahlungsstärken in μW/cm^2 angegeben werden (Leistung = Energie / Zeit).

Die Berechnung der absoluten Bestrahlungsstärke I_p wird unter Ver-

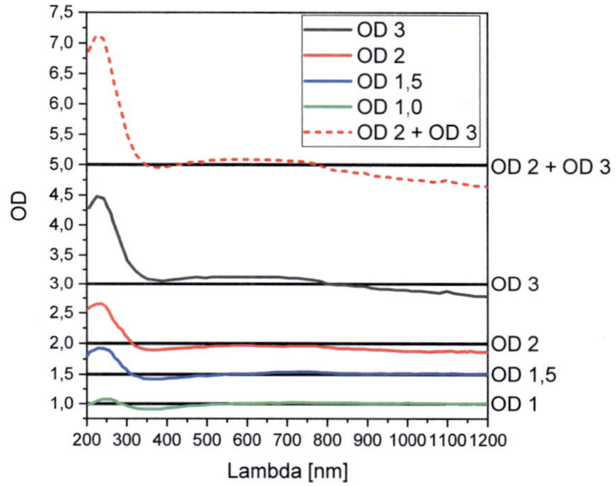

Abbildung 3.10: Messung der optischen Dichte (OD) der verwendeten ND-Filter und die resultierende optische Dichte der Filter ND 2 + ND 3.

wendung der Kalibrierungsdaten für jedes Pixel C_p korrigiert:

$$I_p = C_p \cdot \left(\frac{S_p - D_p}{T_{int} \cdot A \cdot dL_p} \right) \tag{3.3}$$

Es gilt:

C_p =Kalibrierungsdatei in μJ/count (spezifisch für die Abtastoptik)
S_p =Probenspektrum in counts
D_p =Dunklespektrum in counts
T_{int} =Integrationszeit in Sekunden
A =Sammelfläche in cm^2
dL_p =Wellenlängenverteilung (Anzahl der Nanometer, die jedes Pixel darstellt).

Unter Probenspektrum versteht man das gemessene Spektrum unter

Beleuchtung. Unter Dunklespektrum versteht man das gemessene Spektrum ohne Beleuchtung. In diesem Fall wird der Hintergrundwert des Spektrometers gemessen.

Zur Kalibrierung des Spektrometers wurde eine DH-3Puls Lampe von Ocean Optics mit einem Cousins Korrektor CC-3 verwendet. Zur Kalibrierung hat die Lampe eine Deuteriumquelle für den UV-Bereich und eine Halogenlampe für den sichtbaren Wellenlängenbereich. In Abbildung 3.11 sind die Spektren der einzelnen Lampen und das überlagerte Spektrum dargestellt. Zu sehen ist das Spektrum der Halogenquelle (Grün), die ihr Maximum im Bereich des sichtbaren Lichts hat, sowie das Spektrum der Deutiumquelle (Rot), mit einer hohen Intensität im UV-Bereich. Das überlagerte Spektrum der beiden Quellen (Schwarz) deckt den gesamten Wellenlängenbereich von 200 nm bis 900 nm ab.

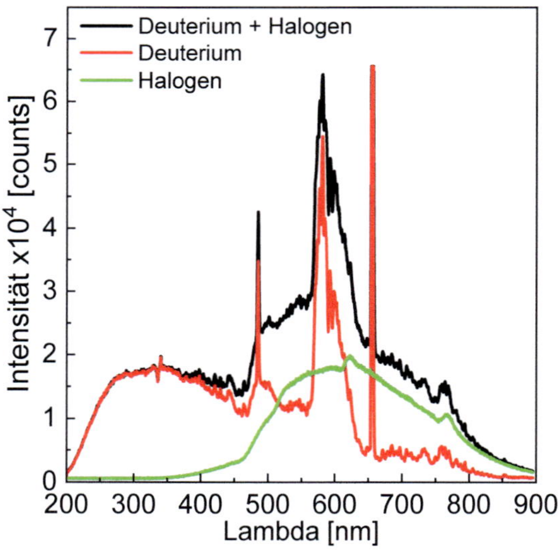

Abbildung 3.11: Spektren der Kalibrierlampe, Halogen: Kalibrierung des sichtbaren Wellenlängenbereich, Deuterium: Kalibrierung im Bereich des UV-Lichts.

Mit Hilfe einer Kalibrierfunktion kann die absolute Intensität einer

Lichtquelle gemessen werden. Abbildung 3.12 zeigt die beiden Kalibrierfunktionen: a) den UV-Bereich, der von 200 nm bis 350 nm reicht, sowie b) den VIS-Bereich, der bei 350 nm beginnt. Die Übereinstimmung zwischen Kalibrierung und Messung der absoluten Intensität ist in Abbildung 3.13 dargestellt. Auch hier sind a) UV-Bereich und b) VIS-Bereich abgebildet. Zu erkennen ist, dass die gemessene absolute Intensität (schwarze Linie) mit der vorgegebenen Kalibrierung (rote Punkte) übereinstimmt.

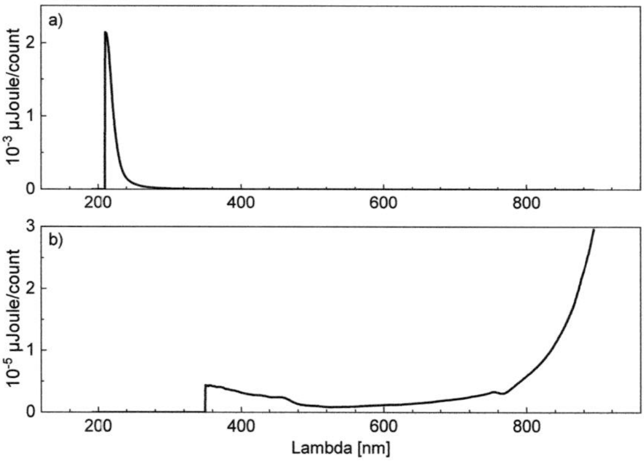

Abbildung 3.12: Kalibrierfunktion der Kalibrierlampe in μJoule/count für a) den UV-Bereich und b) den VIS-Bereich.

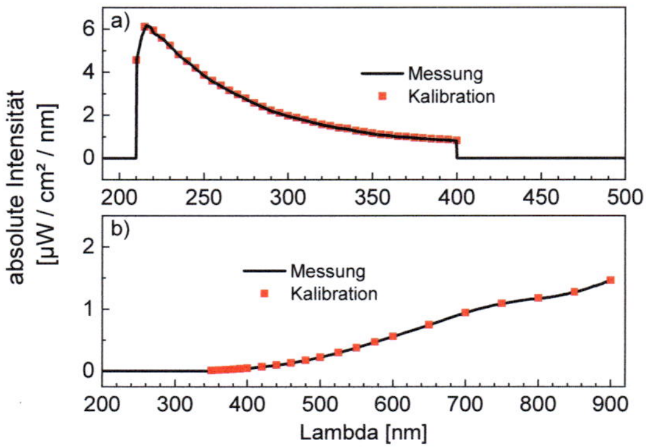

Abbildung 3.13: Absolute Intensität der Kalibrierlampe , Messung und Kalibrierung: a) UV-Bereich, b) VIS-Bereich.

3.4 Schichtcharakterisierung

Wie bereits in vorangegangenen Studien [63] erfolgreich angewandt, wurden auch in der vorliegenden Untersuchung verschiedene Messmethoden eingesetzt, um die Schichten zu charakterisieren. Neben der Messung der Schichtdicke und des Schichtwiderstandes folgte die optische Charakterisierung der Schicht und die Messung der elektrischen Eigenschaften nach der Hall-Methode. Die genannten Messmethoden sollen im Folgenden erläutert werden.

3.4.1 Schichtdickenmessung

Die Schichtdicke wurde mit einem *Ambios XP-200 Profilometer* gemessen. Es handelt sich um ein Messgerät, das mit Hilfe eines Tatschnittverfahrens die Oberfläche linienweise abscannt [1]. Eine Stufe der Schicht wurde mittels Maskierung erzeugt. Dazu wurde vor der Beschichtung ein Teil der Probe markiert. Diese Markierung wurde nach der Beschichtung entfernt. Um die Dicken der Schichten zu messen, erfolgte der Scannvorgang über eine Länge von 0, 2 mm bis 1 mm. Es wurde mehrmals an einer Stufe gemessen. Der Messfehler liegt bei ca. 3 %.

3.4.2 Schichtwiderstandsmessung

Zur Bestimmung des Schichtwiderstandes R_{sheet} wurde die Vier-Punkt-Messmethode verwendet. Die Grundlagen zu dieser Messung sind ausführlich in der Fachliteratur bei Czichos et al. [13] erklärt. Es werden vier Messspitzen in einer Reihe auf die Oberfläche gebracht. Über die beiden äußeren Messspitzen fließt ein definierter Strom; damit ist es möglich den Potentialunterschied zwischen den inneren Messspitzen zu messen. Zur Bestimmung des Schichtwiderstandes wurde das *FPP 5000 Four Point Probe* von *Veeco Instruments* verwendet. Auf jeder Probe werden jeweils mehrere Messwerte aufgenommen. Die Messgenauigkeit des Verfahrens liegt unter 1 %. Die relative Widerstandsänderung in Prozent ergibt sich aus:

$$\triangle R = \left(1 - \frac{R_{FLA}}{R_{as\ dep}}\right) * 100 \tag{3.4}$$

Dabei entspricht $R_{as\ dep}$ dem Schichtwiderstand vor der FLA-Behandlung und R_{FLA} dem Schichtwiderstand nach der Temperung.

3.4.3 Optische Charakterisierung

Die Reflexion und Transmission der Schichten wurden mit einem *Perkin Elmer Lambda 19 UV-VIS-NIR Spektrometer* (kurz Lambda 19) gemessen. Hiermit lassen sich die Reflexion und Transmission wellenlängenaufgelöst im Bereich von $\lambda = 300 - 2000\,nm$ messen. Das Spektrometer besitzt eine Deuteriumlampe für Wellenlängen im ultravioletten Bereich (UV) und eine Halogenlampe für Wellenlängen im sichtbaren und nahen Infrarotbereich (VIS/NIR). Für monochromatisches Licht einer bestimmten Wellenlänge wird die unterschiedliche Beugung verschiedener Wellenlängen an einem Gitter genutzt. Um Licht mit einer hohen spektralen Reinheit und mit extrem geringem Falschlichtanteil zu gewährleisten, sind im Lambda 19 zwei Gittermonochromatoren eingebaut. Das monochromatische Licht wird mithilfe eines Choppers in Probenstrahl und Referenzstrahl geteilt. Beide Strahlen haben den gleichen Strahlengang und treffen wechselweise auf den Detektor. Durch Verwendung einer Ulbrichtkugel entsteht eine winkelunabhängige Messung der Reflexion und Transmission. Durch die Ulbrichtkugel wird die gesamte Strahlung auf den Detektor gelenkt. Ein Detektorwechsel erfolgt bei 840 nm. Er ist als Bereich mit stärkerem Rauschen im Spektrum erkennbar. Die Messgenauigkeit beträgt 0,2 %.

3.4.4 Hall-Messung

Die Ladungsträgerdichte n ebenso wie die Ladungsträgermobilität μ wurde nach der Hall-Messmethode bestimmt. Hierbei werden freie Elektronen in einem stromdurchflossenen Leiter durch ein Magnetfeld abgelenkt. Auf einer Seite des Leiters reichern sich Elektronen an, auf der gegenüberliegenden Seite kommt es zu einer Verminderung der Elektronen. Dieser Potentialunterschied, senkrecht zum angelegten elektrischen Felde, kann als Spannung gemessen werden, der sogenannten Hall-Spannung. Ausführliche Erklärung der Messmethode findest man im „Springer Handbook of Materials Measurement Methods“ [13] und im „Handbook of Transparent Conductors“ [22]. Für die durchgeführten Messungen in der hier vorgelegten Arbeit wurde ein Eigenbau des Fraunhofer FEP Dresden genutzt. Die magnetische Flussdichte des Dauermagneten beträgt 0.41 T. Eine detaillierte Beschreibung des Messplatzes findet man in der Dissertationsarbeit von Heimke [30]. Die Spannung kann auf $\pm 1\,\mu$V genau bestimmt werden. Der zu erwartende Fehler der Messung liegt bei unter einem Prozent. Für die hier untersuchten Proben konnte die Ladungsträgerdichte reproduzierbar auf $\pm 5x10^{+18}/cm^3$ und die Ladungsträgerbeweglichkeit auf $\pm 0,05\,\mathrm{cm}^2/\mathrm{Vs}$ bestimmt werden.

3.4.5 Ausmessung der geblitzten Zone

Neben den elektrischen und optischen Eigenschaften der ITO-Schicht, ist für den dynamischen FLA-Prozess die Ausdehnung der geblitzten Zone der Schicht von großer Bedeutung. Je nach Ausgangsschicht variiert die Bereite (b) dieser Zone. Im Folgenden sollen Methoden zum Vermessen der Breite des geblitzten Bereiches vorgestellt werden.

Da sich durch die FLA-Behandlung die Transmission der Schicht bereits per Augenschein deutlich erkennbar ändert, ist die Vermessung der Breite der geblitzten Zone mit einem Lineal die einfachste und schnellste Methode. Der Nachteil dieser Messmethode liegt in der individuellen Betrachtungsweise der untersuchenden Person. Dennoch ist die Messmethode mit dem Lineal für den Vergleich verschiedener FLA-Parameter und verschiedener ITO-Ausgangsschichten geeignet, da sie einen fassbaren und schnellen Überblick über den Einfluss der Prozessparameter auf die Eigenschaften der ITO-Schicht liefert.

Eine weitere Methode, die in dieser Arbeit erprobt wurde, ist die Vermessung der Breite unter Verwendung einer Gegenlichtplatte. Dazu wurde das nachbehandelte Substrat auf eine solche Platte gelegt und fotografiert. Anschließend konnte das Foto mit Hilfe der freien Software *ImageJ* vermessen werden. Die Software gibt die Grauwerte pro Pixel aus. Die Zuordnung ist 0 = schwarz und 255 = weiß, dazwischen ergeben sich verschiedene Grautöne. Durch vorherige Skalierung (Anzahl der Pixel pro Längeneinheit) konnte eine Messwerttabelle der Grauwerte über eine Distanz erstellt werden. Als Referenz zum geblitzten Bereich dient die unbehandelte Fläche. Die geblitzte Zone hat höhere Grauwerte, da dieser Bereich heller ist als der unbehandelte.

Ein Nachteil der zwei zuvor genannten Messmethoden ist die zwingend notwendige ITO-Schicht bzw. eine Schicht, welche durch den FLA-Prozess erkennbare Änderungen zeigt. Wenn es zu Inhomogenitäten bei der Beschichtung kommt, dann ergeben sich folglich auch Inhomogenitäten bei der Nachbehandlung.

Im Folgenden soll eine weitere Möglichkeit gezeigt werden. Für die hier vorgenommenen Versuche wurde eine UV-lichtempfindliche Schicht von *FUJIFILM* verwendet. Diese reagiert auf UV-Licht; hierbei ändert sich die Farbe der Schicht abhängig von der einwirkenden UV-Lichtmenge: je mehr UV-Strahlung auf der Folie auftritt, desto dunkler wird der Bereich. Somit lässt sich die Verteilung des UV-Lichts leicht erkennen. Der Hersteller gibt einen Wellenlängenbereich von 200 nm bis 420 nm an. Im Rahmen dieser Untersuchung wurde eine Machbarkeitsstudie durchgeführt. Hierfür standen 13 x 10 cm^2 Folienmuster mit UV-lichtempfindlichen Schicht von *FUJIFILM* zur Verfügung.

Bei dem Versuch wurde ein Blitz auf die UV-lichtempfindliche Schicht gegeben. Durch den UV-Anteil im Spektrum kam es im Bereich der Behandlung zu einer Farbänderung der Schicht. Anschließend wurde die geblitzte Folie eingescannt und mit Hilfe der freien Software *ImageJ* vermessen. Das Programm gibt die aufgenommenen Grauwerte pro Pixel aus. Anhand einer vorherigen Skalierung (Anzahl der Pixel pro Längeneinheit) erhält man eine Tabelle der Grauwerte über die Distanz. Die unbehandelte Fläche dient als Referenz zum geblitzten Bereich. Im Foto ist die geblitzte Zone durch niedrigere Grauwerte gekennzeichnet, dieser Bereich ist dunkler dargestellt als der unbehandelte Abschnitt.

4 Auswertung

Das Kernthema der hier vorlegten Arbeit behandelt die Realisierung der großflächigen Nachbehandlung von ITO-Schichten mithilfe der dynamischen Blitzlampentemperung. Dazu wurde an die In-Line Sputteranlage ILA900 das Blitzlampenmodul Xenon Flash Lamp Modul FLA 2x360w der Firma ROVAK GmbH implementiert. Ergebnisse aus vorangegangen Arbeiten wurden als Grundlage für die nachfolgenden Versuche genutzt. Im folgenden Kapitel werden die erzielten Ergebnisse vorgestellt und diskutiert.

4.1 Eigenschaften der ITO-Schichten ohne Nachbehandlung

Die elektrischen und optischen Eigenschaften der ITO-Schichten sind von dem Sauerstoffanteil im Sputterprozess abhängig. Der Schichtwiderstand R_{sheet} wurde mit der Hall-Messung bestimmt und die Transmissions- und Reflexionsspektren wurden mit dem Lambda 19 Spektrometer aufgenommen. Die Transmission im sichtbaren Wellenlängenbereich T_{vis} wird aus dem Transmissionspektrum nach DIN 5033 [14] bestimmt. Abbildung 4.1 zeigt die Arbeitspunktkurve der ITO-Beschichtung. Dargestellt ist R_{sheet} in Ω und T_{vis} in % in Abhängigkeit vom Sauerstofffluss, der während des Sputterprozess zwischen 2 sccm – 5 sccm variiert wurde. R_{sheet} besitzt bei einem Sauerstofffluss von 4 sccm sein Minimum von 33,4 Ω. Schichtwiderstände bei den anderen Sauerstoffflüssen (2 sccm, 3 sccm und 5 sccm) liegen über diesem Wert. Im Gegensatz zu R_{sheet}, steigt T_{vis} mit zunehmendem Sauerstoffanteil im Sputtergas kontinuierlich.

Exemplarisch zeigt Abbildung 4.2 die Reflexion- und Transmissionspektren (R&T) der 150 nm dicken ITO-Schichten, dargestellt in

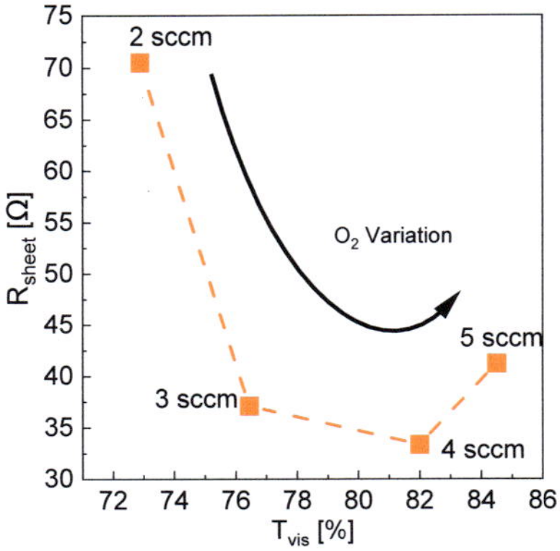

Abbildung 4.1: Arbeitspunktkurve der ITO-Beschichtung. Abhängigkeit von T_{vis} und R_{sheet} vom Sauerstofffluss während des Sputterprozesses.

Prozent [%], in einem Wellenlängenbereich von 300 nm bis 2000 nm. Der Sauerstofffluss wurde bei den Versuchen zwischen 2 sccm, 3 sccm, 4 sccm und 5 sccm variiert.

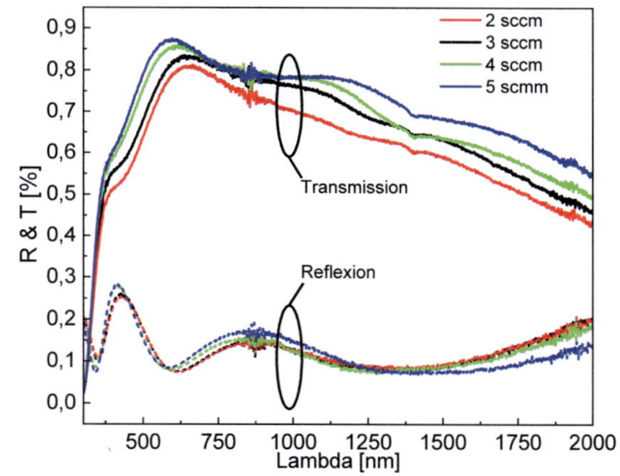

Abbildung 4.2: Spektren der Reflexion und Transmission von 150 nm dicken ITO-Schichten mit unterschiedlichem Sauerstofffluss während der Beschichtung im Wellenlängenbereich von 300 nm bis 2000 nm. Bei 840 nm erfolgt der Detektorwechsel. Dieser ist als Bereich mit stärkerem Rauschen im Spektrum erkennbar.

In Abbildung 4.3 sind die elektrischen Parameter verschiedener 150 nm dicker ITO-Schichten dargestellt. Diese wurden bei unterschiedlichen Sauerstoffflüssen bei Raumtemperatur gesputtert. Die Ladungsträgerbeweglichkeit (μ) steigt mit zunehmendem Sauerstoffanteil im Sputtergas. Die Ladungsträgerdichte (n) besitzt ein Maximum bei 3 sccm. Der spezifische elektrische Widerstand (ρ) erreicht bei 4 sccm ein Minimum. ITO-Schichten, welche bei geringen Sauerstoffflüssen gesputtert werden, besitzen eine Unterstöchiometrie. Es bildet sich auf dem Substrat eine Mischschicht aus verschiedenen Phasen, zum einen aus gut leitfähigen Metallclustern und zum anderen schlecht leitfähigen Oxiden. Durch die Mischung der Phasen ist die Ladungsträgerbeweglichkeit gering. Bei höheren Sauerstoffflüssen wird die Bildung von homogenen ITO-Schichten begünstigt. Es treten weniger Defekte in der Schicht auf und die Beweglichkeit der Ladungsträger steigt an. Mit steigendem Sauerstofffluss im Sputterprozess wird mehr Sauerstoff in die ITO-Schicht eingebaut. Folglich verringert sich die Anzahl der Sauerstoffleerstellen. Da diese Leerstellen jedoch als Dotanden wirken, reduziert sich mit steigendem Sauerstofffluss wieder die Ladungsträgerdichte. Der spezifische elektrische Widerstand ist von der Ladungsträgerbeweglichkeit und der Ladungsträgerdichte abhängig. [4, 9, 60]

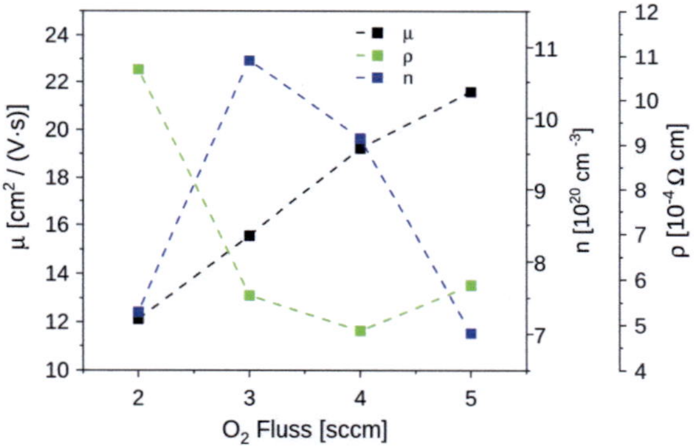

Abbildung 4.3: Elektrische Eigenschaften 150 nm dicker ITO-Schichten, hergestellt bei unterschiedlichen Sauerstoffflüssen während des Sputterprozess bei Raumtemperatur: μ Ladungsträgerbeweglichkeit, n Ladungsträgerdichte und ρ spezifischer elektrischer Widerstand.

4.2 Blitzlampentemperung der ITO-Schichten

4.2.1 Optische Messung der Blitze

Spektrale Messung

Es wurde untersucht, welchen Einfluss die einstellbaren Blitzparameter Spannung und Pulszeit auf das Emissionsspektrum der Blitzlampe haben. Für die Messungen der Spektren wurden verschiedene Neutraldichtefilter verwendet. Neben der Intensitätsverteilung über die Wellenlänge wurde auch die absolute Intensität einzelner Blitze gemessen. An dieser Stelle werden die erfolgten Messungen dargestellt und diskutiert.

Mit Hilfe der Messergebnisse der Blitze soll die optische Energiedichte der einzelnen Blitze bestimmt werden. Durch die Messungen wird geprüft, ob es möglich ist, verschiedene FLA-Module mit Hilfe der optischen Energiedichte miteinander zu vergleichen. Bisher lassen sich unterschiedliche Blitzanlagen nicht miteinander vergleichen, da vergleichbare Parameter (wie zum Beispiel die elektrische Energiedichte) vom Aufbau der Stromversorgung abhängen. In der hier dargestellten Untersuchung wurden zum einen Blitze mit derselben Ladespannung und unterschiedlichen Pulszeiten vermessen, zum anderen wurden Blitze derselben Pulszeit bei unterschiedlichen Ladespannungen untersucht.

Die Pulszeit hat einen Einfluss auf die Intensitätsverteilung über den Wellenlängenbereich. Um die Energie zu bestimmen, wurde die Wellenlängenskala in die Energieskala umgerechnet. Die Umrechnung erfolgte mit der Formel:

$$E = \frac{h * c}{\lambda} \tag{4.1}$$

Es gilt:

$$h = \text{Plancksches Wirkungsquantum}$$
$$c = \text{Lichtgeschwindigkeit (im Vakuum)}$$

Da im Zähler ausschließlich Naturkonstanten stehen, kann die Formel vereinfacht werden zu:

$$E[\text{eV}] = \frac{1239,8}{\lambda[\text{nm}]} \tag{4.2}$$

Abbildung 4.4 und 4.5 zeigen Diagramme der gemessenen Xenon Emissionsspektren. Es ist die Intensität in counts je Wellenlänge (Lambda[nm]) dargestellt. Die obere x-Achse gibt zu jeder Wellenlänge die zugehörigen Energie von 1,377 eV bis 6,199 eV an. Diese wurde nach der Formel 4.2 berechnet.

In Abbildung 4.4 haben die Blitze dieselbe Ladespannung von 2 kV. Für die Pulszeiten wurden alle acht einstellbaren Zeiten verwendet. Die Pulszeit wurde über die Verschaltung von Kondensatoren in der Stromversorgung realisiert. Zur Messung wurde ein ND2 Filter genutzt.

Erkennbar ist das typische Xe- LinienspektrumQualitativ erreicht man, mit länger Pulszeit höhere Intensitäten, vor allem im sichtbaren Wellenbereich von 380 nm bis 780 nm. Die Pulszeiten, welche durch dieselbe Verschaltung der Kondensatoren realisiert wurden, besitzen ähnliche Intensitäten. Zu erkennen ist dies an den Pulszeiten 425 μs und 550 μs und an den Pulszeiten 800 μs, 1,0 ms und 2,2 ms. Die höchste Intensität wird bei einer Pulszeit von 1,2 ms erreicht. Der Blitz mit einer Pulszeit von 2,2 ms wurde mit der gleichen Kondenstorverschaltung wie die Blitze 800 μs und 1,0 ms erzeugt.

In Abbildung 4.5 haben die Blitze dieselbe Pulszeit von 2,7 ms. Es wurden Spannungen von 2,1 kV, 2,5 kV, 2,9 kV, 3,3 kV und 3,7 kV verwendet. Zur Messung wurde ein ND2,7 Filter genutzt. Erkennbar ist, dass mit größer werdenden Ladespannung die Intensität im sichtbaren Wellenlängenbereich ebenfalls ansteigt.

Sowohl bei der Variation der Pulslänge als auch bei der Variation der Ladespannung wird keine Intensität unterhalb von 300 nm gemessen.

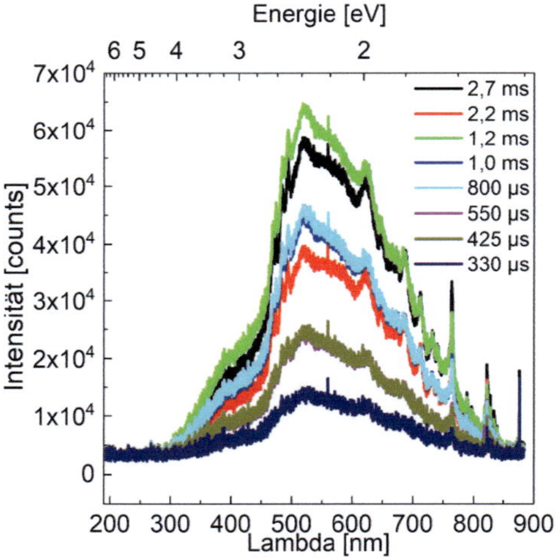

Abbildung 4.4: Einfluss der Pulszeit bei gleicher Ladespannung von 2 kV auf die Emissionsspektren. Gemessen wurde mit einem ND-Filter von 2. Die Pulszeiten 425 μs und 550 μs sowie 800 μs und 1,0 ms liegen übereinander.

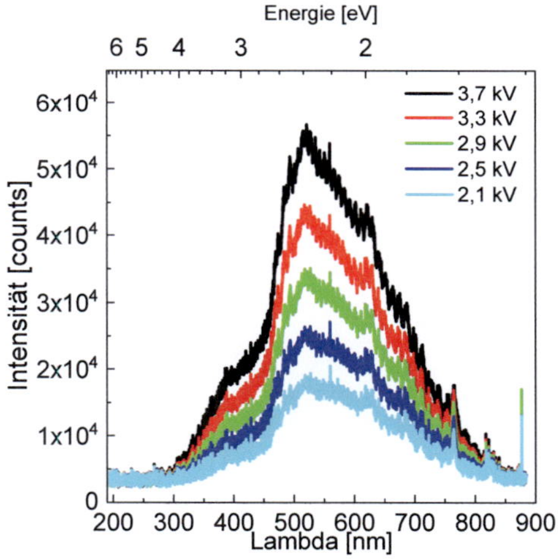

Abbildung 4.5: Einfluss der Ladespannung bei gleicher Pulszeit von 2,7 ms auf die Emissionsspektren. Gemessen wurde mit einem ND-Filter von ND2,7 (2+0,7).

Absolute Messung

Die Grundlagen für die Berechnungen der absoluten Intensität sind in Kapitel 3.3 erklärt. Um einen möglichen Fehler in der Software bei der Messung auszuschließen, wurden die absolute Intensität nochmals schrittweise ausgerechnet. Dazu wurden Formel 3.3 verwendet. Das Ergebnis ist in Abbildung 4.6 zu sehen. Es kam zu keinen nennenswerten Unterschieden zwischen Messung (Rot) und Berechnung (Schwarz) der absoluten Intensitäten.

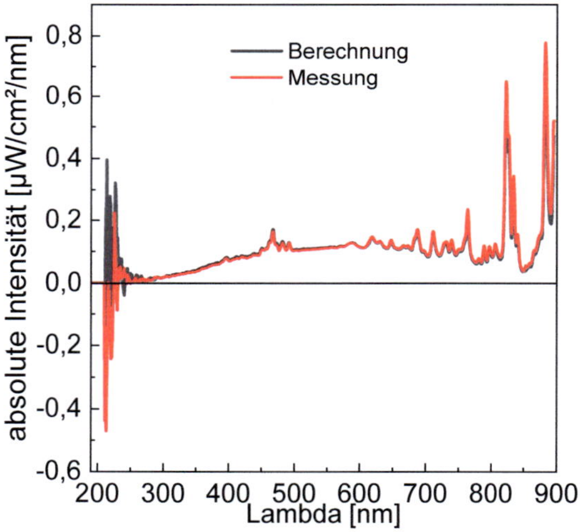

Abbildung 4.6: Vergleich der Messung (Rot) und der Berechnung (Schwarz) der absoluten Intensität eines Blitzes.

Durch die Messung konnte nicht gezeigt werden, dass Xenon Blitze des Lampensystem Xenon Flash Lamp Modul FLA 2x360w der Firma ROVAK GmbH einen UV-Anteil besitzen. In anderen Arbeiten wird davon ausgegangen [62]. Ob es sich in der vorliegenden Arbeit um fehlerhafte Messungen handelt konnte im Rahmen der zur Verfügung stehenden Zeit und Möglichkeiten schlussendlich nicht geklärt werden. Es gilt dies in weiteren Untersuchungen zu verifizieren.

4.2.2 Statisches FLA der ITO-Schichten

Durch die FLA-Nachbehandlung ändern sich die elektrischen und optischen Eigenschaften der ITO-Schichten. Dabei ist das Ergebnis der Nachbehandlung sowohl von dem Ausgangszustand der Schicht als auch von den eingestellten FLA-Parametern abhängig.

Einfluss der Absorption der Schicht auf das Resultat der FLA-Nachbehandlung

Die Absorptionseigenschaften der ITO-Schichten sind vom Sauerstoffanteil im Sputtergas abhängig. Je mehr Sauerstoff während des Sputterprozesses hinzugefügt wird, desto transparenter werden die ITO-Schichten im sichtbaren Wellenlängenbereich (T_{vis}). Bei ITO-Schichten, welche mit einer geringen Menge Sauerstoff hergestellt wurden, kann ein größerer Anteil der Xenon Blitzenergie absorbiert werden.

Um zu untersuchen, wie sich die Blitzlampentemperung auf die Eigenschaften der ITO-Schichten mit unterschiedlicher Absorption auswirkt, wurden 150 nm dicke ITO-Schichten bei Sauerstoffflüssen von 2 sccm, 3 sccm, 4 sccm und 5 sccm hergestellt.

Die FLA-Nachbehandlung erfolgte bei verschiedenen Parametersätzen.

In den Diagrammen (a) bis (d) von Abbildung 4.7 sind die elektrischen Eigenschaften von 150 nm dicken ITO-Schichten zusammengefasst. Die 2 sccm ITO-Schicht ließ sich nach der FLA-Behandlung mit 1 ms nicht vermessen.

Durch die FLA-Nachbehandlung steigt bei allen Sauerstoffflüssen und allen FLA-Parametern die Beweglichkeit der Ladungsträger. Die größte Ladungsträgerbeweglichkeit wird bei einem Sauerstofffluss von 4 sccm erreicht. Durch die FLA-Nachbehandlung vergrößert sich die Landungsträgerdichte. Die größte Änderung der Landungsträgerdichte ist bei geringen Sauerstoffflüssen zu finden. Mit steigendem Sauerstoffanteil im Sputterprozess verringert sich die Ladungsträgerdichte bei gleichen FLA-Parametern nach der FLA-Nachbehandlung. Der spezifische elektrische Widerstand hängt von beiden vorher genannten Parametern ab. Aufgrund der größeren Ladungsträgermobilität und der größeren Ladungsträgerdichte verringert sich – bedingt durch die

FLA-Nachbehandlung – der spezifische elektrische Widerstand der ITO-Schichten. Ein Minimum des spezifischen Widerstands wird bei einem Sauerstofffluss von 3 sccm erzielt. Diese Schichten lassen sich für weitere Untersuchungen verwenden.

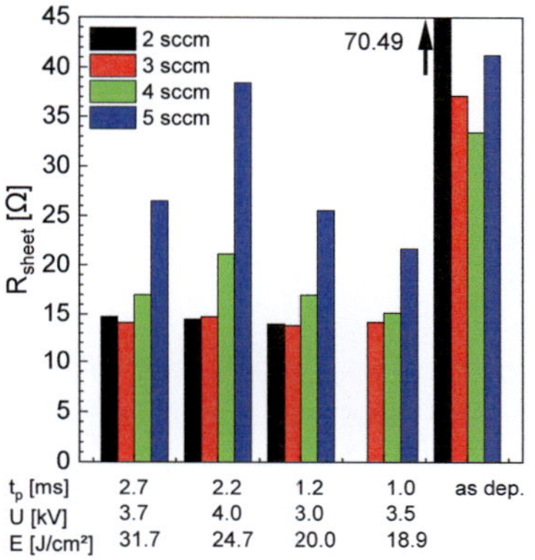

(a) R_{sheet} Schichtwiderstand

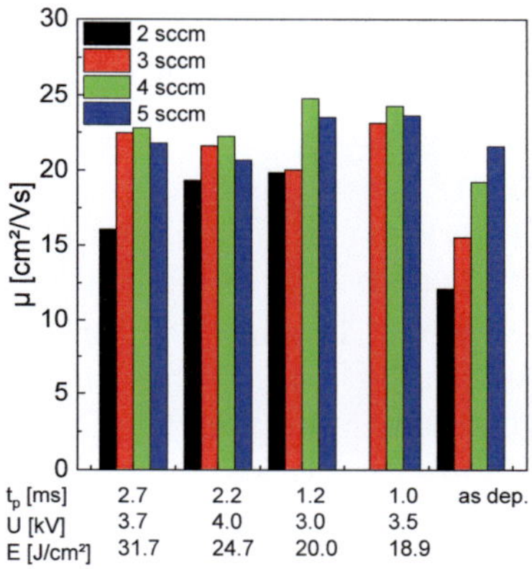

(b) μ Ladungsträgerbeweglichkeit

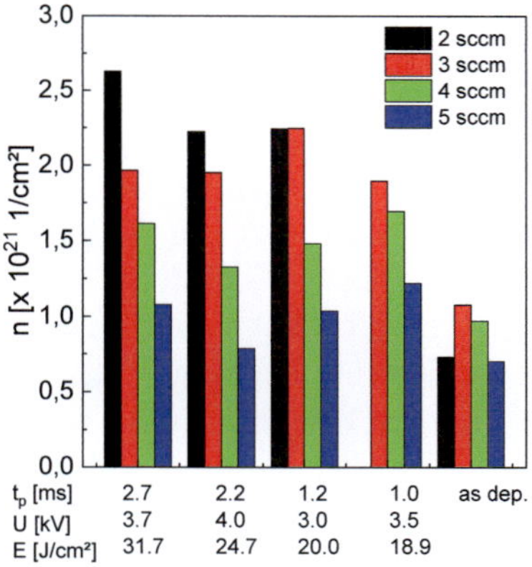

(c) n Ladungsträgerdichte

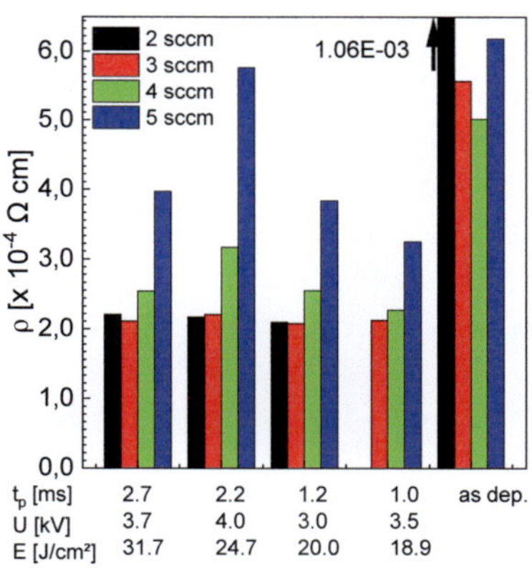

(d) ρ spez. elektrischer Widerstand

Abbildung 4.7: Elektrische Eigenschaften 150 nm dicker ITO-Schichten, hergestellt bei unterschiedlichen Sauerstoffflüssen während des Sputterprozess bei Raumtemperatur. Nachbehandelt bei unterschiedlichen FLA-Parametern. Die 2 sccm ITO-Schicht ließ sich nach der FLA-Behandlung mit 1 ms nicht vermessen.

Einfluss der Pulszeit und der Energiedichte auf das Resultat der FLA-Nachbehandlung

Die Pulszeit und die Energiedichte sind weitere Parameter, welcher das Ergebnis der FLA-Nachbehandlung beeinflussen. Wie in Kapitel 3.2 beschrieben, können an der Stromversorgung des Lampenmoduls acht verschiedene Pulszeiten eingestellt werden.

Um den Einfluss der Pulslänge und der Energiedichte auf die Eigenschaften der ITO-Schicht zu untersuchen wurden für die folgende Versuche 150 nm dicke ITO-Schichten verwendet, die bei einem Sauerstofffluss von 3 sccm entstanden. Bei diesem Sauerstofffluss konnte der niedrigste Schichtwiderstand nach der FLA-Behandlung festgestellt werden.

Bei gleicher elektrischer Energiedichte gilt: je länger die Pulszeit, desto geringer die maximale Energie an der Oberfläche der ITO-Schicht. Somit ist auch die maximale Temperatur an der Oberfläche niedriger [21]. Die Oberfläche der ITO-Schicht wirkt als Wärmesenke, sodass sich die Wärme in der Schicht ausbreitet. Bei längeren Pulszeiten wird eine größere elektrische Energiedichte benötigt, um denselben Effekt durch die FLA-Temperung zu erzielen. In Abbildung 4.8 sind die R_{sheeet}-Werte nach der FLA-Behandlung mit allen acht einstellbaren Pulszeiten dargestellt. Der Schichtwiderstand einer unbehandelten 3 sccm ITO-Schicht liegt bei $R_{sheeet}(as\,dep.) = 37{,}1\,\Omega$. Abbildung 4.8 zeigt anschaulich, dass sich der Schichtwiderstand mit steigender Energiedichte bei allen Pulszeiten verringert. Eine Ausnahme bildet die kürzeste Pulszeit 330 μs. Durch die FLA-Behandlung bei einer zu kurzen Pulszeit kommt es zu einer Vergrößerung des Widerstandes. Es ist anzunehmen, dass durch die zu kurze Pulszeit im oberflächennahen Bereich eine zu große Energie in die Schicht eingekoppelt wurde und es dadurch zur Zerstörung der Schicht gekommen ist. Bei der längsten Pulszeit und der dort höchsten einzustellenden Energiedichte wird der geringste Schichtwiderstand erreicht und beträgt 14,1 Ω.

Die Änderung der Transmission im sichtbaren Wellenlängenbereich nach der FLA-Behandlung mit allen acht einstellbaren Pulszeiten ist in Abbildung 4.9 zusammengefasst. T_{vis} erhöht sich bei allen Pulszeiten mit steigender Energiedichte. Eine Ausnahme bildet auch hier die kür-

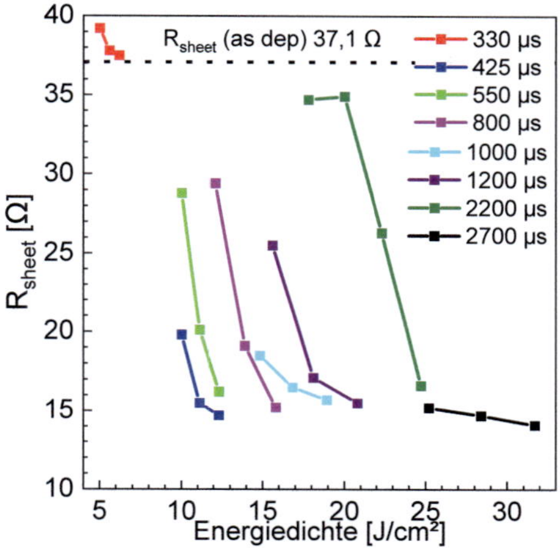

Abbildung 4.8: Schichtwiderstände der ITO-Schichten (3 sccm) nach der FLA-Behandlung bei verschiedene Pulszeiten.

zeste Pulszeit 330 μs. Bei der längsten Pulszeit und der dort höchsten einzustellenden Energiedichte wird die höchste Transmission erreicht und beträgt 87,2 %.

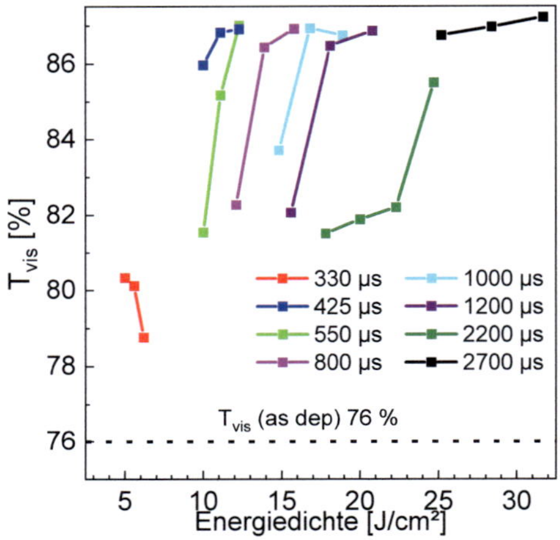

Abbildung 4.9: T_{Vis} der ITO-Schichten (3 sccm) nach der FLA-Behandlung bei verschiedene Pulszeiten.

Es ist aus den vorangegangenen Untersuchungen von Weller [62] bekannt, das bei einer weiteren Erhörung der Energiedichte sich eine Art Plateau des Schichtwiderstandes bildet. Bei einer zu hohen Energiedichte steigt der Schichtwiderstand. Im Rahmen der hier vorgestellten Arbeit war es nicht möglich, dieses Ergebnis nachzuvollziehen, da bei der zur Verfügung stehenden Stromversorgung nur eine zu geringe maximale Energiedichte einstellbar war. Die Realisierung der Bereitstellung einer leistungsfähigen Anlage in diesem Forschungsvorhaben scheitert leider. Für weitere Versuche ist daher eine Stromversorgung mit höherer Leistung dringend erforderlich.

Ausmessung der geblitzten Zone

Die Breite der geblitzen Zone ist abhängig von den Eigenschaften der Ausgangsschicht und von den FLA-Parametern. In Abbildung 4.10 sind Ausschnitte der geblitzten ITO-Schicht gezeigt. Diese wurden bei unterschiedlichen Ladespannungen geblitzt. Es ist deutlich erkennbar, je größer die Ladespannung, desto breiter die ist die geblitzte Zone. [8]

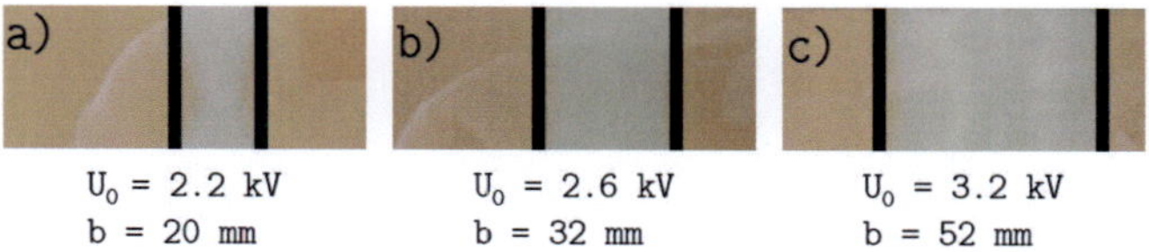

Abbildung 4.10: Breite der geblitzten Zone bei verschiedenen Ladespannungen U_0 der FLA-Behandlung. [8]

In Abbildung 4.11 sind die Breiten der geblitzten Zone von verschiedenen ITO-Schichten dargestellt. Diese wurden mit unterschiedlichen Sauerstoffflüssen gesputtert und anschließend bei der maximalen Energiedichte bei unterschiedlichen Pulszeiten nachbehandelt. Die Zone vergrößert sich bei gleichen FLA-Parametern, je niedriger der Sauerstofffluss beim Sputterprozess ist. Die Breiten liegen zwischen 2 cm bis 5 cm. Je transparenter die Ausgangsschicht ist, desto kleiner ist die Ausdehnung in der geblitzten Zone. Die Breite der geblitzten Zone der 5 sccn ITO-Schicht konnte nach dem 2,0 ms Blitz nicht vermessen werden, da keine sichtbare Änderung stattfand.

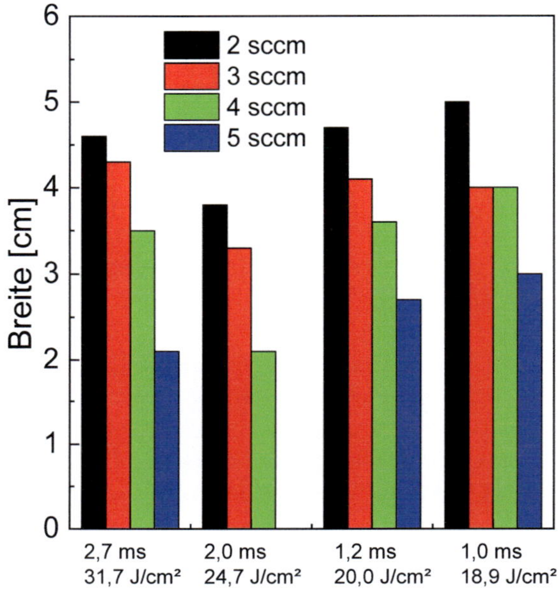

Abbildung 4.11: Breite der geblitzten Zone von verschiedenen 150 nm dicken ITO-Schichten nach der FLA-Behandlung mit unterschiedlichen FLA-Parametern.

In Abbildung 4.12 ist beispielhaft eine Messung dargestellt. Das Diagramm zeigt die Grauwerte über Position x [cm]. Die Zuordnung für die Grauwerte ist 0 = schwarz und 255 = weiß, dazwischen ergeben sich verschiedene Grautöne. Je größer die Grauwerte sind, desto heller ist die Schicht. Die geblitzte Zone ist im Diagramm farblich hervorhoben. Zu erkennen ist die Breite der geblitzten Zone von ca. 3,3 cm. Hier zeigt sich allerdings ein deutlich zu erkennender Nachteil dieser Messmethode. Der Hintergrund entspricht nicht einem konstanten Grauwert. Dieses kann zum einen an der Inhomogenität der Schicht liegen, zum anderen an einer ungleichmäßigen Ausleuchtung. Bei den dargestellten Versuchen mit einer Gegenlichtplatte handelte es sich um Machbarkeitsstudien.

Als Ergebnis kann gesagt werden, dass die prinzipielle Realisierung nach dieser Methode möglich ist. Für genauere Untersuchungen muss in weiteren Arbeiten ein fester Messaufbau ermittelt werden. Dieser Aspekt gehört nicht zum Schwerpunkt der vorliegenden Arbeit und wird somit nicht weiterverfolgt.

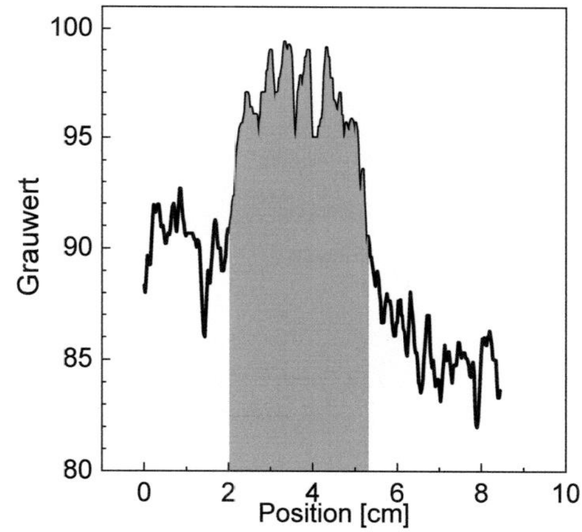

Abbildung 4.12: Vermessung der geblitzen Zone mit Gegenlicht. Die geblitzte Zone hat höhere Grauwerte, da dieser Bereich heller ist als die unbehandelte Schicht. Die Breite der geblitzten Zone ist ca. 3,3 cm

Abbildung 4.13 zeigt die Verteilung der Grauwerte über eine Distanz von 12 cm. Der behandelte Bereich liegt ca. zwischen 2 cm und 10 cm (grauer Bereich). Es ließ sich keine definierter Bereich erkennen. Auf der rechte Seite wurde der Bereich aus Symmetriegründen gewählt. Auf Grund der zur Verfügung stehenden Größe der Folie ist keine klare Abgrenzung zur unbehandelten Folie erkennbar. Die steilen Kanten an den Positionen 0,7 cm und 11 cm kommen durch die Halterung der Folie zustande. An der Position 6 cm ist der kleinsten Grauwert, dort befindet sich das Maximum der UV-Strahlung. Es ist eine Verteilung mit abfallenden Kanten der UV-Intensität erkennbar.

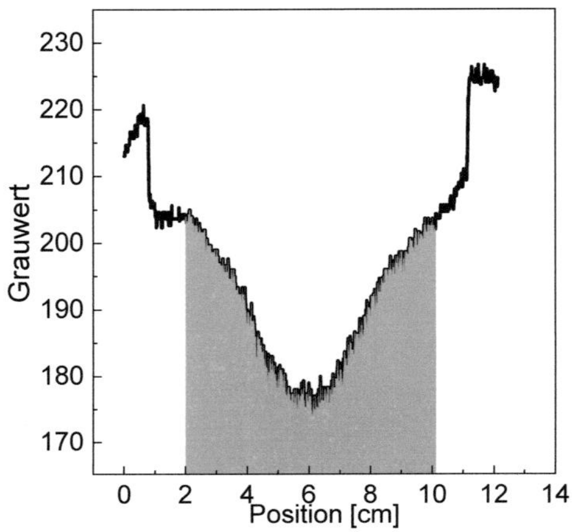

Abbildung 4.13: Vermessung der geblitzen Zone mit UVSCALE. Die geblitze Zone hat niedrigere Grauwerte, da dieser Bereich dunkler ist als die unbehandlete Schicht.

Im Rahmen dieser Untersuchung wurde eine Machbarkeitsstudie durchgeführt. Es konnte gezeigt werden, dass der UV-Anteil des Emissionsspektrums der Xenon-Lampe die Schicht verfärbt. Weiterhin konnte beobachtet werden, dass ein Blitz mit hoher Energie die Folie nicht beschädigt.

Mehrfach FLA

Wie in Kapitel 3.2 beschrieben, entsteht beim dynamischen FLA-Prozess, je nach Wahl der Geschwindigkeit des sich bewegenden Substrates, ein Überlappungsbereich von geblitzten Zonen. In diesem Bereich kommt es zur mehrfachen Bestrahlung. Die folgenden Versuche erläutern die Auswirkung der mehrfachen FLA-Behandlung auf die ITO-Schicht. Dafür wurde eine 150 nm dicke ITO-Schicht mit einem Sauerstoffgehalt von 3 sccm mit zwei, drei, fünf und zehn Blitzen behandelt; bei Verwendung einer Pulszeit von 2,7 ms und einer Energiedichte von 31,7 J/cm^2. Mit den genannten FLA-Parametern sowie dem Sauerstoffanteil wurde bei statischen Einzelblitzen das Widerstandsminimum gemessen.

In Tabelle 4.1 sind die Schichtwiderstände (R_{sheet}) und die Werte der Transmission im sichtbaren Wellenlängenbereich (T_{vis}) einer 150 nm dicken 3 sccm O_2 ITO-Schicht nach mehrfachen FLA-Behandlungen zusammengefasst. Die Messungen wurden in der Mitte des behandelten Bereiches durchgeführt.

Dabei zeigen die Messergebnisse nur geringe Variationen der Werte, die im Rahmen der Messungenauigkeit liegen. Deutlich wird sichtbar, dass die Werte für R_{sheet} und T_{vis} sich durch eine mehrfache Behandlung nicht ändern.

Tabelle 4.1: Werte für R_{sheet} und T_{vis} einer 150 nm dicken 3 sccm O_2 ITO-Schicht nach der mehrfach FLA-Behandlung mit 2,7 ms und einer Energiedichte von 31,7 J/cm^2.

Anzahl der Blitze	R_{sheet}	T_{vis}
2	17,5	86,3
3	16,9	86,3
5	16,9	86,3
10	16,2	86,2

Es kann gezeigt werden, dass es durch mehrfache FLA-Behandlungen zu einer Ausdehnung der behandelten Zone kommt. Dies wird exemplarisch an den T_{vis}-Werten in Abbildung 4.14 gezeigt. Alle cm sind die Messwerte als quadratischer Punkt aufgetragen. Deutlich erkennbar zeichnen sich die vier unterschiedlich häufig geblitzten Bereiche ab (2x, 3x, 5x und 10x). Zwischen diesen Bereichen sind lokale Minima erkennbar. Der T_{vis}-Wert fällt nicht auf den Ausgangswert zurück ab. Die lokalen Minimalwerte für T_{vis} zwischen den mehrfach geblitzten Bereichen erhöhen sich mit steigender Anzahl der Blitze. Die Ausbreitung in x-Richtung wird größer. Dies liegt an den Mehrfachbehandlungen von beiden Seiten. Beispielsweise liegt das Minimum an Position 15 cm in den Randbereichen der drei Einzelblitze und der fünf Einzelblitze. Bei Mehrfachblitzen werden bereits kristallisierte Schichten nochmal geblitzt. Die Energie, welche in diesem Bereich absorbiert wird, ist geringer. Da durch den ersten Blitz die Schicht transparenter wird, kann die Energie der weiteren Blitze nicht in dem Maße absorbiert werden, wie die Energie des ersten Blitzes.

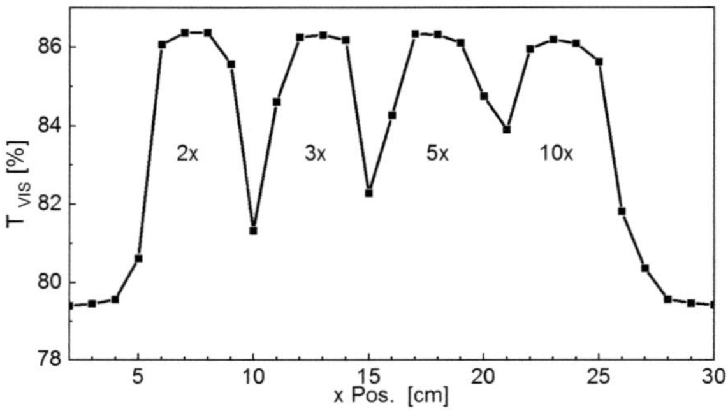

Abbildung 4.14: T_{vis} Werte einer 150 nm dicken 3 sccm O_2 ITO-Schicht nach mehrfacher FLA-Behandlung mit 2,7 ms und einer Energiedichte von 31,7 J/cm^2

Um den Effekt der breiteren Überklappregionen genauer zu untersuchen, muss auf die Unterschiede der Mechanismen verschiedener Leitfähigkeiten bei unbehandelten und behandelten ITO-Schichten eingegangen werden; dieses bleibt nachfolgenden Untersuchungen vorbehalten. Hierbei sollte folgende Überlegung mit bedacht werden: Welche Rolle spielt die Einkopplung und die Mehrfachreflexionen des Lichtes bei der Vergrößerung der mehrfach behandelten Flächen? Da eine Mehrfachbehandlung keinen Einfluss auf die optischen und elektrischen Eigenschaften der ITO-Schicht hat, wurden im Rahmen dieser Arbeit keine weiteren Untersuchungen vorgenommen.

4.2.3 Übergangszone des Blitzlampenmoduls

In den folgenden Versuchen wird diese Übergangszone mit dem Ziel untersucht, eine ITO-Schicht großflächige homogen nachzubehandeln. Dazu wurden verschiedene FLA-Parameter für die thermische Nachbehandlung verwendet. Es wurden vier Pulszeiten verwendet, bei denen jeweils die maximale Energiedichte eingestellt wurde. In Tabelle 4.2 sind die FLA-Parameter der verwendeten Blitze zur Untersuchung der Übergangszone zusammengefasst.

Tabelle 4.2: FLA-Parameter der verwendeten Blitze in der Übergangszone.

Blitz	t_p [ms]	E_D [J/cm^2]
1	2,7	31,7
2	2,2	24,7
3	1,2	20,8
4	1,0	18,9

Um den Einfluss des Sauerstoffanteils beim Sputterprozess in der Schicht auf die Übergangszone untersuchen zu können, wurden ITO-Schichten mit 2, 3, 4 und 5 sccm O_2 mit den oben genannten FLA Parametern thermisch nachbehandelt.

Exemplarisch ist der Schichtwiderstand R_{sheet} über die vertikale Position in Abbildung 4.15 dargestellt. Die ITO-Schichten wurden mit

Blitzen der Länge von 2,7 ms nachbehandelt. Die Position 0 beschreibt die Mitte der Übergangszone, positive Werte gehören zur oberen Lampe, negative Werte zur unteren Lampe. Bei allen ITO-Schichten kommt keine homogene Verteilung des Schichtwiderstandes nach der FLA-Behandlung zustande. Bei der ITO-Schicht, welche mit 2 sccm O_2 gesputtert wurde, verringert sich der Widerstand an der Position 0.

Diese Verringerung ist bei den anderen ITO-Schichten nicht zu sehen. Die Ursache dafür beruht auf dem höheren Absorptionsvermögen der 2 sccm O_2 ITO-Schicht. Bei 3, 4 und 5 sccm O_2 gesputterten ITO-Schichten ist der Widerstand in der Mitte größer als an den Positionen ±5 cm. Die Intensität einer Lampe ist im Randbereich geringer als in der Mitte der Lampe. Somit führt die geringere Intensität zu einer verringerten thermischen Nachbehandlung der ITO-Schichten in dem entsprechenden Bereich.

Das Diagramm in Abbildung 4.16 zeigt exemplarisch den Schichtwiderstand der 3 sccm ITO-Schicht über der vertikalen Position bei verschiedenen Parametern nach der FLA-Behandlung; siehe Tabelle 4.2. Der Widerstand der unbehandelten Schicht beträgt 31,7 Ω. Bei allen FLA-Parametern kommt es zur Verringerung des Schichtwiderstandes. In der Mitte der Übergangzone (Position 0) ist jeweils ein höherer Widerstandswert als an den Positionen ±10 cm zu verzeichnen. Dieses Resultat ist auf eine schwächere Nachbehandlung zurückzuführen, da die Intensität der Blitze am Randbereich der Lampen nicht ausreicht, um die ITO-Schicht vollständig nachzubehandeln.

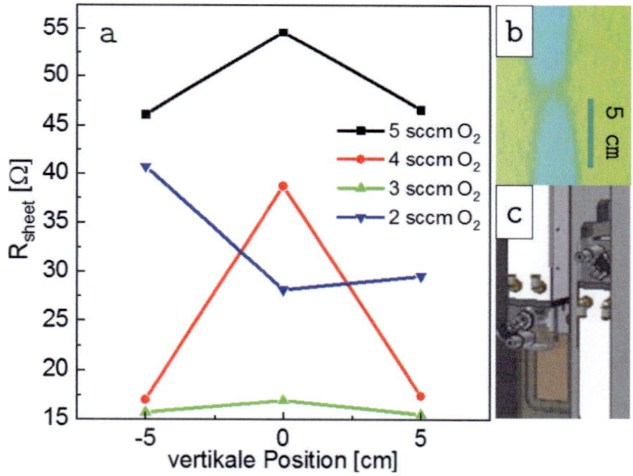

Abbildung 4.15: a) Schichtwiderstände in der Übergangszone von ITO-Schichten mit 2, 3, 4 und 5 sccm O_2 nach der Behandlung mit einem bei 2,7 ms. Vertikale Position: Positive Werte gehören zur oberen Lampe, negative Werte zur unteren Lampe. Die Messgenauigkeit liegt unter 1 % b) Ausschnitt vom Foto in Falschfarben der Übergangszone der ITO-Schicht. c) Ausschnitt vom Schema der Übergangszone am FLA-Modul.

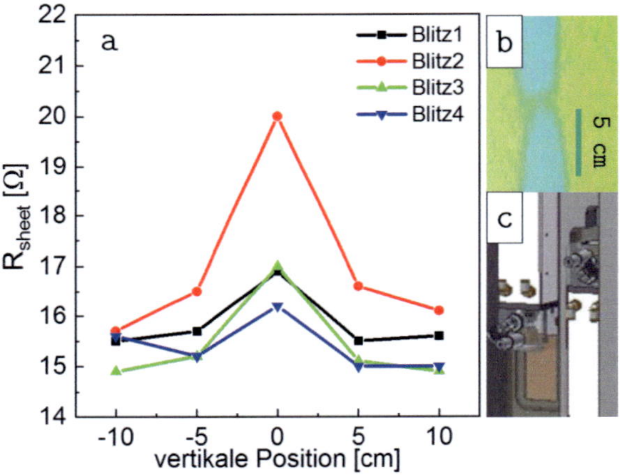

Abbildung 4.16: a) Schichtwiderstände in der Übergangszone bei verschiedenen FLA Parametern bei einer 3 sccm ITO-Schicht. Vertikale Position: Positive Werte gehören zur oberen Lampe, negative Werte zur unteren Lampe. Die Messgenauigkeit liegt unter 1 % b) Ausschnitt vom Foto in Falschfarben der Übergangszone der ITO-Schicht. c) Ausschnitt vom Schema der Übergangszone am FLA-Modul.

Abbildung 4.17 zeigt exemplarisch ein Foto der Übergangszone. Die geblitzten Bereiche sind, deutlich erkennbar, heller abgebildet als die ungeblitzten Schichtflächen. Prozessbedingt liegen die Blitze nicht direkt nebeneinander. Zur Verdeutlichung sind die geblitzten Zonen mit grünen Parabeln hervorgehoben. Bei den oberen zwei Blitzen kommt es zu einer kleinen Überlappung, bei den unteren zwei Blitzen liegen die Bereiche knapp voneinander getrennt.

Abbildung 4.17: Foto der Übergangszone in Falschfarben nach der statischen FLA-Behandlung.

4.2.4 Dynamisches in-line FLA der ITO-Schichten

Ein Kernthema der hier vorlegten Arbeit ist die Nachbehandlung von großflächigen ITO-Schichten mithilfe der dynamischen Blitzlampentemperung. In den vorangegangenen Kapiteln wurde die Blitzlampentemperung mit statischen FLA-Parametern untersucht und charakterisiert. Für die großflächige Nachbehandlung von Substraten ist hingegen der dynamische FLA-Prozess von Bedeutung. Hierbei werden sich wiederholende Blitze im Bereich von einigen Hertz gezündet. Die zu behandelnde Schicht wird mit einer definierten Geschwindigkeit am Lampenmodul vorbeibewegt. Je nach gewählter Geschwindigkeit des bewegten Substrates werden entweder einzelne Bereiche oder ein zusammenhängender Bereich nachbehandelt.

In Tabelle 4.3 sind die Parameter zusammengefasst, welche Einfluss auf den dynamischen FLA-Prozess haben. Zum einen sind es die Schichteigenschaften, sowohl vor als auch nach der FLA-Behandlung; zum anderen sind es die einzustellenden FLA-Parameter und schließlich die Transporteinstellungen.

An dieser Stelle sollen die Bedingungen und der Vorgang des dynamischen FLA-Prozesses dargestellt werden. Anhand der Absorption ($A_{as\,dep}$) der unbehandelten Schicht werden die Pulszeit (t_p) und die Energiedichte (E_D) des Blitzes ausgewählt. Für die zu behandelnden Schichten gilt: Je größer die Absorption der Schicht, desto geringer ist die benötigte Energiedichte, bei der ein Widerstandsminimum erzielt wird. Bei transparenteren Schichten muss eine höhere Energiedichte eingestellt werden, um einen geringen Schichtwiderstand zu erreichen. Es ist von Vorteil, wenn die Möglichkeit besteht, Schichten mit einer etwas höheren Absorption abzuscheiden, da diese sich beim anschließenden dynamischen FLA-Prozess besser nachbehandeln lassen. Bei der Pulszeit ist zu bedenken: Je länger die Pulszeit, desto größer ist die Energiedichte, bei der das Widerstandsminimum erzielt wird. Beobachtet werden konnte, dass es bei sehr kurzen Pulszeiten zur Bildung von Mikrorissen bei den ITO-Schichten kommt. Dieser Zusammenhang ist in Abbildung 4.8 zu sehen.

Weiterhin haben die optischen Eigenschaften der Schicht und die gewählten FLA-Parameter Auswirkung auf die Breite der geblitzten

Zone. Der Einfluss ist in Abbildung 4.11 dargestellt. Die Breite (b) dieser Zone ist für den dynamischen FLA-Prozess von Bedeutung. Aus der Breite der geblitzten Zone lässt sich der maximale Vorschub ($\triangle\, x$) des Substrates bestimmen. Dieser muss so gewählt werden, dass es zu einem Überlappungsbereich der einzelnen Blitze kommt. Mehrfach-Blitze haben keinen weiteren Einfluss auf die Transmission und den Schichtwiderstand. Beispielhaft ist dieser Effekt anhand der Transmission in Abbildung 4.14 zu erkennen.

Durch die gewählte Pulszeit ist die minimale Blitzfrequenz (f) durch die Stromversorgung vorgegeben. Das Reziprok der Frequenz ist die Blitzabstandszeit ($\triangle\, t$). Für eine homogene FLA-Behandlung lässt sich aus dem Vorschub des Substrates und der Blitzabstandszeit die maximal zulässige Geschwindigkeit (v) für den Transport des bewegten Substrates bestimmen. Die Formel 4.3 zeigt den Zusammenhang.

$$v = \frac{\triangle\, x}{\triangle\, t} = \triangle\, x \cdot f \tag{4.3}$$

Tabelle 4.3: Zusammenfassung der Parameter, die Einfluss und Auswirkungen auf das Resultat des dynamischen FLA-Prozess haben: as dep. steht für Eigenschaften nach dem Sputterprozess; FLA steht für Eigenschaften nach der FLA-Behandlung.

Parameter	Einheit	Bezeichnung	abhängig von
Schicht			
$T_{as\,dep.}$	%	Transmission	Sputtern
$R_{as\,dep.}$	%	Reflexion	Sputtern
$A_{as\,dep.}$	%	Absorption	Sputtern
T_{FLA}	%	Transmission	Ziel
R_{FLA}	%	Reflexion	Ziel
A_{FLA}	%	Absorption	Ziel
FLA Parameter			
t_p	ms	Pulszeit	$A_{as\,dep.}$ –>T_{FLA}
U_0	kV	Landespannung	t_p
E_D	J/cm^2	Energiedichte	U, t_p
f	Hz	Frequenz	t_p
$\triangle t$	ms	Blitzabstandszeit	$= 1/f$
Transport			
b	cm	Breite	E, $A_{as\,dep.}$
$\triangle x$	cm	Vorschub	b
v	m/min	Geschwindigkeit	$v = \triangle x / \triangle t$

Abbildung 4.18 zeigt die Verteilung des Schichtwiderstandes R_{sheet} einer 150 nm dicken 3 sccm ITO-Schicht nach der dynamischen FLA-Behandlung mit zwei Lampen. Zur Darstellung wurde ein Farbkonturdiagramm genutzt. Die x- und y-Achsen entsprechen der Größe des Substrates. Die Schichtwiderstände sind als z-Werte dargestellt. Es wurde ein 30 x 45 cm^2 großer Bereich gemessen. Die Werte für R_{sheet} liegen in einem Bereich von 16 Ω bis 37,2 Ω. Zwei blaue, ca. 10 cm breite homogene Bereiche sind erkennbar. Diese Flächen wurden durch den FLA-Prozess homogen nachbehandelt. R_{sheet} erreicht Werte von mindestens 16 Ω. In der Mitte der Probe (y = 0) findet nur eine unzureichende Nachbehandlung der ITO-Schicht statt. Dies ist an den größeren R_{sheet}-Werten erkennbar. Es werden R_{sheet}-Werte bis 37,2 Ω gemessen. Der weniger behandelte Bereich ist bei dunklem Hintergrund bei schräger Betrachtung in der Reflexion mit dem Auge erkennbar. Abbildung 4.19 zeigt ein Foto in Falschfarben der Übergangszone nach der dynamischen FLA-Behandlung. Die dunkelblauen Bereiche sind weniger behandelt.

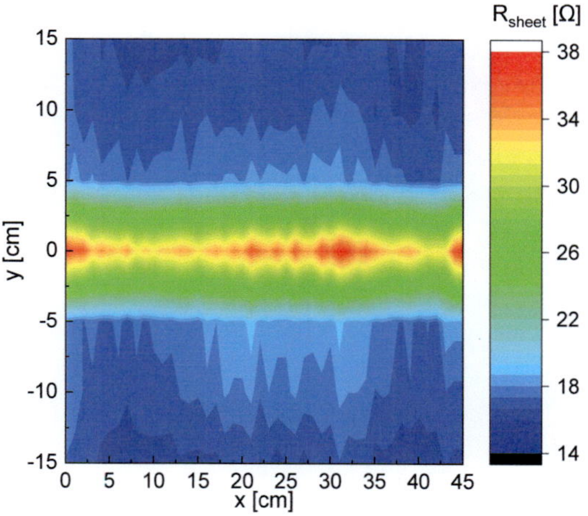

Abbildung 4.18: Widerstandsverteilung nach der dynamischen FLA-Behandlung.

Nach zahlreich durchgeführten Versuchen lässt sich zusammenfassend

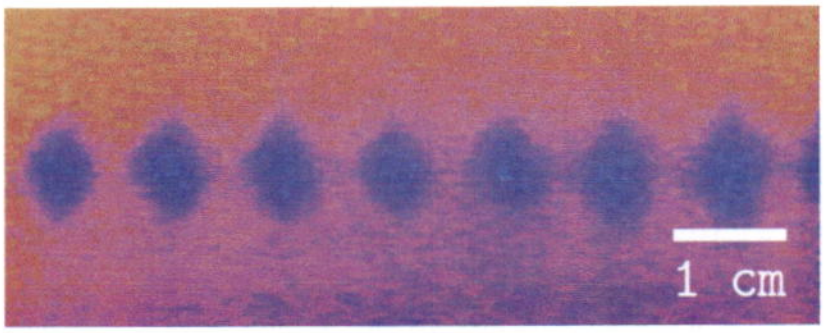

Abbildung 4.19: Foto der Übergangszone in Falschfarben nach der dynamischen FLA-Behandlung. Die dunkel blauen Bereiche sind weniger behandelt.

sagen, dass mit der Anordnung der Blitzlampen im Lampenmodul Xenon Flash Lamp Modul FLA 2x360w an der ILA 900 keine homogene Behandlung in der Übergangszone möglich ist.

Abbildung 4.20 zeigt die Verteilung des Schichtwiderstandes R_{sheet} einer 150 nm dicken 3 sccm ITO-Schicht nach der dynamische FLA-Behandlung mit einer Lampe. Es wurde eine 40 x 45 cm^2 Glasscheibe nachbehandelt. In den Randbereichen y = 0 bis 4 cm und y = 36 bis 40 cm sind die Werte für den Schichtwiderstand größer als 20 Ω. Diese Bereiche werden mit einer Lampe nicht nachbehandelt. Für eine klare Darstellung der Widerstandsverteilung wurden diese Bereiche ausgelassen. Es werden Widerstände zwischen 15,2 Ω und 19,8 Ω gemessen.

Die höheren Widerstände wurden in der Mitte (y = 20 cm) und bei x = 10 cm und 38 cm gemessen. Die höheren Widerstände an den x-Positionen können aufgrund von leichten, prozessbedingten Inhomogenitäten beim Sputterprozess auftreten. Die höheren Widerstände in der Mitte haben eine andere Ursache. Durch den FLA-Prozess kommt es zu einer Erwärmung der Schicht. Aufgrund dessen dampft im Vakuum ein geringer Teil der Schicht ab. Dieser kondensiert auf allen Oberflächen in der Prozesskammer. Auf der Quarzglasscheibe vor der Blitzlampe bildet sich ein undefinierter Filter. Vor der Behandlung der großen Glasscheibe wurde an kleinen Scheiben der richtige FLA-Parametersatz gesucht. Daher befand sich der oben genannte undefinierte Filter mittig auf der Quarzglasscheibe.

Abbildung 4.21 zeigt ein Foto der bedampften Quarzglasscheibe nach dynamischen FLA-Prozessen von großen Scheiben.

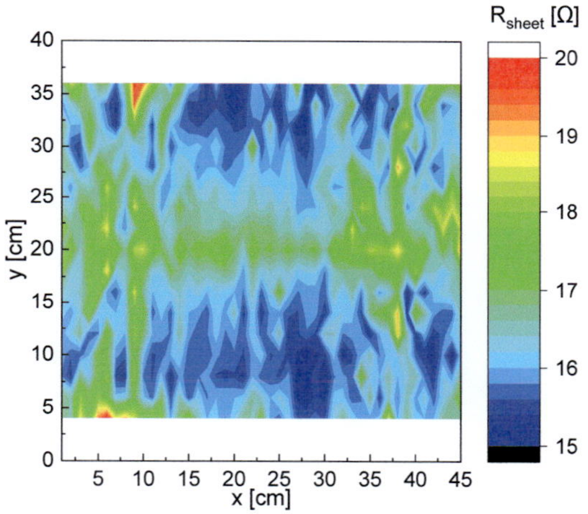

Abbildung 4.20: Widerstandsverteilung nach der dynamischen FLA-Behandlung mit einer Lampe.

Abbildung 4.21: Bedampfte Quarzglasscheibe nach dynamischen FLA-Prozessen von großen Scheiben.

5 Lösungsansätze für aufgetretene Probleme

Wie bei einer neuen Methode zu erwarten, kam es im Laufe der Untersuchungen zu verschiedenen gerätetechnischen Schwierigkeiten. Diese ließen das formulierte Ziel nicht zufrieden stellend beantworten. Bei den Versuchen zur großflächigen Nachbehandlung von ITO-Schichten im dynamischen FLA mit dem Lampenmodul Xenon Flash Lamp Modul FLA 2x360w an der ILA 900 traten verschiedene Probleme auf, die an dieser Stelle zusammengefasst dargestellt und für die Lösungsansätze aufgezeigt werden sollen.

Stromversorgung

Aus vorangegangen Arbeiten ist bekannt, dass zur Behandlung von ITO-Schichten eine minimale Energiedichte des Blitzes notwendig ist. Es wurde festgestellt, dass mit Erhöhung der Energiedichte sich der Widerstand nur noch geringfügig ändert, bis hin zu dem Punkt, bei dem die maximale Energiedichte überschritten wird. Ab diesem Wert kommt es zur Zerstörung der ITO-Schicht. [62]

Die zur Verfügung stehende Stromversorgung hat eine maximale Obergrenze der Ladespannung von 4 kV.Es konnte in Versuchen belegt werden, dass die mit dieser Spannung erzeugten Blitze nicht ausreichen, um eine 150 nm dicke ITO-Schicht zu zerstören. Weiterhin zeigte sich, dass – unabhängig von den Pulszeiten – die ITO-Schichten bei der jeweiligen, maximal möglichen Energiedichte pro Pulszeit nicht zerstört wurden. Im Rahmen diese Arbeit konnte daher nicht ermittelt werden, ob die bei maximaler Energiedichte behandelten ITO-Schichten bereits das Minimum im Widerstand und das Maximum in der Transmission erreicht haben.

Ein weiteres Problem stellt die Belastbarkeit der Stromversorgung dar. Bei den ersten Versuchen kam es zu durchgebrannten Widerständen oder zu Fehlern auf der Platine. Diese Fehler wurden nach Absprache mit dem Hersteller von diesem behoben. Außerdem kam es bei längeren Prozessen zur Überschreitung der maximal zulässigen Temperatur der Spule in der Stromversorgung und demzufolge zu längeren Wartezeiten, bis hin zu dem Zeitpunkt an dem die Spule weit genug abgekühlt war, um erneut Versuche zu starten. Diese Fehler soll nach Absprache mit dem Hersteller ebenfalls bei einer neuen Stromversorgung behoben sein.

Für weitere Untersuchungen konnte durch einen gemeinsamen erfolgreich eingereichten Projektantrag mit dem Hersteller ein neues Konzept der Stromversorgung erarbeitet werden. Dieses befindet sich zurzeit in der Umsetzung und stand der hier beschriebenen Untersuchung noch nicht zur Verfügung.

Übergangszone

Aufgrund der Anordnung der Xenon-Lampen (siehe Abbildung 3.4), kommt es in der Übergangzone der zwei Lampen zu keiner vollständigen Nachbehandlung der ITO-Schicht. Der jetzige, maximal einstellbare Überlapp von 5 cm reicht nicht aus, um homogen großflächige ITO-Schichten dynamisch mit der Blitzlampentemperung nachzubehandeln.

Als erster Lösungsansatz wäre eine bauliche bzw. konstruktive Änderung des Lampenmoduls anzuführen. Die Lampen könnten dichter zueinander gestellt werden, um den Überlappbereich zu vergrößern. Der Nachteil einer derartigen konstruktiven Anpassung würde allerdings die maximal zu behandelnde Größe verringern.

Ein zweiter Lösungsansatz zur Anordnungen der Lampen betrifft die Verwendung von zwei langen Exemplaren. Dadurch würde es zu keinem Überlappbereich kommen. Die maximale Höhe der zu behandelnden Fläche wird durch die Länge der Lampen definiert.

Im Rahmen der Promotionsarbeit wurden beide Lösungsansätze mit dem Lampenmodulhersteller diskutiert. Durch einen gemeinsamen erfolgreich eingereichten Projektantrag soll ein neues Lampenmodul mit zwei langen Lampen realisiert werden. Wie zuvor erwähnt, stand auch dieses Lampenmodul vor Abschluss der vorliegenden Arbeit noch nicht zur Verfügung.

Abdampfen der Schicht

Die ILA 900 ist eine vertikale In-Line Sputteranlage, bei der alle Beschichtungsprozesse im Vakuum stattfinden. Die Nachbehandlung durch FLA kann an der ILA 900 sowohl unter Atmosphäre, als auch unter Vakuum stattfinden. Bei Versuchen unter Vakuum hat sich herausgestellt, dass es durch die kurzzeitige, sehr hohe Temperatur zum Abdampfen der Schicht kommt. Diese abgedampften Partikel kondensieren an allen Oberflächen, unter anderem auf der Quarzglasschutzscheibe des Lampenmoduls (siehe Abbildung 3.6). Folglich hat sich nach einigen Behandlungsversuchen eine Schicht mit unbekannter Dicke auf dem Quarzglas gebildet. Diese Schicht fungiert als undefinierter Filter für das Emissionsspektrum der Lampe. Die durch den Filter abgeschwächte Strahlung reicht jedoch nicht aus, um ITO-Schichten mit FLA thermisch nachzubehandeln. Das nicht erwünschte Abdampfen der Schicht tritt nur bei der Nachbehandlung im Vakuum-Prozess auf. Der Dampfdruck des Materials im Vakuum ist niedriger, sodass es besser abdampft. Im Vergleich dazu dient unter atmosphärischen Bedingungen das Luftpolster zwischen ITO-Schicht und Blitzlampe als Schutz.

Als Lösungsansatz wurde versucht, im Vakuum ein Gaspolster vor das Quarzglasfenster zu bringen. Dazu wurden in regelmäßigen Abständen um die Lampe Gaseinlässe angebracht. Durch diese strömte während des FLA-Prozesses ein Inertgas ein, um die abgedampften Partikel von der Oberfläche der Quarzglasscheibe fernzuhalten. Leider war es im Rahmen der zur Verfügung stehenden Zeit noch nicht möglich, aussagekräftige Ergebnisse zu dieser Machbarkeitsstudie zu erzielen.

6 Zusammenfassung und Ausblick

Schwerpunkt der vorgelegten Promotionsarbeit ist die Implementierung und Inbetriebnahme eines Blitzlampenmoduls für die großflächige In-Line Blitzlampentemperung von gesputterten ITO-Schichten an einer Pilotanlage. Als Grundlage für diese Untersuchung dienen zuvor durchgeführte Studien und die daraus gewonnenen Ergebnisse und Erkenntnisse im Bereich der Blitzlampentemperung von TCO-Schichten. Zu nennen sind hier die Arbeiten von Stefanie Weller [62] und Jasper Westphalen [63].

Alle Schichten wurden am Fraunhofer FEP in der In-Line Sputteranlage ILA 750 hergestellt und anschließend thermisch nachbehandelt. Dazu wurde das Verfahren der Blitzlampentemperung angewandt. Der FLA-Prozess dient der oberflächennahen Erwärmung von Festkörpern. Es handelt sich um einen thermischen Prozess, der den Kurzzeittempermethoden zugeordnet wird. Die Temperung erfolgt mit Hilfe von Xenon-Lampen. Durch eine Entladung von Kondensatoren über die Lampen zündet ein hochenergetischer Blitz. Für die Blitzlampentemperung am Fraunhofer FEP wird das Lampensystem Xenon Flash Lamp Modul FLA 2x360w der Firma ROVAK GmbH genutzt. Das Modul ist Bestandteil der Beschichtungsanlage ILA 900. Es sind sowohl statische, als auch dynamische FLA-Prozesse von Substraten bis zu einer Größe von 600 mm x 1200 mm möglich. Zweck der Nachbehandlung ist, die Materialeigenschaften der Ausgangsschichten zu ändern.

In der vorliegenden Untersuchung soll gezeigt werden, dass die Nachbehandlung von großflächigen ITO-Schichten mit Hilfe der dynamischen Blitzlampentemperung an einer bestehenden Pilot In-Line Anlage möglich ist. Zur Realisierung der Behandlung großer Substratflächen wurde der dynamische FLA-Prozess untersucht. Durch den dynamischen

FLA-Prozess konnte von den hier untersuchten ITO-Schichten eine Verringerung des Schichtwiderstandes und eine Erhöhung der Transmission im sichtbaren Licht erreicht werden. Die hier erzielten Ergebnisse gleichen den Resultaten zur Widerstandsminimierung und Transmissionserhöhung aus anderen statischen FLA-Studien von ITO-Schichten auf kleinen Substraten [62].

Im Rahmen der vorliegenden Promotionsarbeit werden Methoden zur optischen Charakterisierung der Blitzlampe vorgestellt und diskutiert. Die Ergebnisse der gemessenen Intensitäten der Emissionsspektren der Xenon-Blitzlampe werden qualitativ diskutiert. Durch die Messung kann nicht belegt werden, dass Xenon-Blitze des Lampensystems Xenon Flash Lamp Modul FLA 2x360w der Firma ROVAK GmbH einen UV-Anteil besitzen. Da in anderen Studien [62] von diesem UV-Anteil ausgegangen wird, gilt es die Messmethoden in weiteren Untersuchungen fortzuführen und den Sachverhalt zu klären.

Neue Methoden zur Bestimmung der Breite der geblitzten Zone wurden im Rahmen der Forschungsarbeit vorgestellt und untereinander verglichen. Eine dieser Methoden nutzt UV-lichtempfindliche Folien. Ob sich dieses Verfahren zur Bestimmung der Alterung der Blitzlampe eignet, muss in weiteren Versuchen untersucht werden.

Mit der vorliegenden Abhandlung wird eine aufschlussreiche Zusammenfassung der Einflussparameter des dynamischen FLA-Prozesses gegeben und diskutiert. Der dynamische FLA-Prozess ist aussichtsreich dargelegt worden. Des Weiteren wird erfolgreich gezeigt, dass der FLA-Prozess aufskalierbar ist. Prozessbedingte Probleme traten auf, für welche im Rahmen der Untersuchung einige Lösungsansätze diskutiert und umgesetzt werden.

Diese Arbeit zeigt die Möglichkeiten des dynamischen FLA-Prozesses. Es wurde ausführlich dargestellt, das die Blitzlampentemperung mittels Xenon-Lampen als Kurzzeittemperprozess für die Nachbehandlung von großflächigen ITO-Schichten geeignet ist. Im Rahmen der Arbeit konnte gezeigt werden, dass der FLA-Prozess bereits das Stadium der Marktreife erreicht hat. Mit der vorliegenden Arbeit wurde ein wesentlicher Teil für die Realisierung eines Förderprojektes geleistet. Für weitere Untersuchungen konnte mit dem Hersteller erfolgreich ein Projektantrag eingereicht werden. Im Rahmen des Projektes wird ein neues Konzept der Stromversorgung und des Lampenmoduls erarbeitet. Nach Abschluss des Projektes können die Ergebnisse vom Hersteller genutzt werden, um für großflächige FLA-Nachbehandlungen optimierte Systeme auf den Markt zu bringen.

Abkürzungsverzeichnis

ATO	Antimon-Zinn-Oxid
AZO	Aluminium-Zink-Oxid
CVD	Chemical Vapour Deposition
DC	direct current - Gleichstrom
DL	Deuteriumlampe
FTO	Fluor-Zinn-Oxid
FLA	Flash Lamp Annealing - Blitzlampentemperung
HL	Hallogenlampe
HZDR	Helmholtz-Zentrum Dresden-Rossendorf
ITO	Indiumzinnoxid
IR	infraroter Wellenlängenbereich
LA	Laserannealing
ND	Neutraldichte
NIR	nah infraroter Wellenlängenbereich
OD	optische Dichte
PVD	Physical Vapour Deposition
R_{sheet}	Schichtwiderstand
RT	Raumtemperatur
RTA	Rapid Thermal Annealing
RTP	Rapid Thermal Processing
TCO	Transparente, elektrisch leitfähige Oxide
T_{vis}	Transmission im sichtbaren Wellenlängenbereich
UV	Ultraviolettstrahlung
VIS	sichbarer Wellenlängenbereich
Xe	Xenon

Formelzeichenverzeichnis

A	Fläche
C	Kapazität des Kondensator
c	Lichtgeschwindigkeit
C_P	Kalbrierungsdaten des Spektrometes
D_P	Dunkelspektrum
d_0	Durchmesser der Lampe
E	Energie des Biltzes
e	Elementarladung
f	Blitzfrequenz
h	Plancksches Wirkungsquantum
L	Induktivität der Spule
l	Länge der Lampe
λ	Wellenlänge
m_e	effektiven Masse der Elektronen
μ	Beweglichkeit
n	Ladungsträgerdichte
OD	optische Dichte
p_0	Gasdruck des Lampenfüllgas
R_{asdep}	Schichtwiderstand vor der FLA-Behandlung
R_{FLA}	Schichtwiderstand nach der FLA-Behandlung
ρ	elektrische Widerstand
S_P	Probenspektrum
σ	elektrische Leitfähigkeit
T	Transmission

T_{int}	Integrationszeit
t_p	Pulszeit des Biltzes
τ	Relaxationszeit
$\triangle t$	Blitzabstandszeit
v	Geschwindigkeit
U_O	Ladespannung des Kondsator
$\triangle x$	maximaler Vorschub
Z_0	Impedanz des Schwingkreises

Abbildungsverzeichnis

Tabellenverzeichnis

Literaturverzeichnis

[1] Ambios Technology, Inc (Hrsg.): *Manual, XP-Plus Series of High Performance Stylus Profilometers XP 100/200/300.* 2007

[2] Adurodija, F. O. ; Izumi, H. ; Ishihara, T. ; Yoshioka, H. ; Motoyama, M. : Effect of Sn doping on the electronic transport mechanism of indium–tin–oxide films grown by pulsed laser deposition coupled with substrate irradiation. In: *Thin Solid Films* 88 (2000), Nr. 7, S. 4175–4180. http://dx.doi.org/10.1063/1.1290460. – DOI 10.1063/1.1290460. – ISSN 00406090

[3] Ashcroft, N. W. ; Mermin, N. D.: *Solid state physics.* Repr. South Melbourne : Brooks/Cole Thomson Learning, 2012. – ISBN 0–03–083993–9

[4] Bender, M. ; Seelig, W. ; Daube, C. ; Frankenberger, H. ; Ocker, B. ; Stollenwerk, J. : Dependence of oxygen flow on optical and electrical properties of DC-magnetron sputtered ITO films. In: *Journal of Applied Physics* 326 (1998), Nr. 1-2, S. 72–77. http://dx.doi.org/10.1016/S0040-6090{%}2898{%}2900521-5. – DOI 10.1016/S0040–6090%2898%2900521–5. – ISSN 0040–6090

[5] Betz, U. ; Olsson, M. K. ; Marthy, J. ; Escolá, M. F.: On the synthesis of ultra smooth ITO thin films by conventional direct current magnetron sputtering. In: *Thin Solid Films* 516 (2008), Nr. 7, S. 1334–1340. http://dx.doi.org/10.1016/j.tsf.2007.03.094. – DOI 10.1016/j.tsf.2007.03.094. – ISSN 00406090

[6] Bhagwat, S. ; Howson, R. P.: Use of the magnetron-sputtering technique for the control of the properties of indium tin oxide thin films. In: *Surface and Coatings Technology* 111 (1999), Nr. 2-3,

S. 163–171. http://dx.doi.org/10.1016/S0257-8972(98)00727-0. – DOI 10.1016/S0257–8972(98)00727–0. – ISSN 02578972

[7] Bisht, H. ; Eun, H.-T. ; Mehrtens, A. ; Aegerter, M. A.: Comparison of spray pyrolyzed FTO, ATO and ITO coatings for flat and bent glass substrates. Version: 1999. http://dx.doi.org/10.1016/B978-044450247-6.50037-0. In: *High-performance coatings for transparent systems in large-area and/or high-volume applications.* Amsterdam : Elsevier, 1999. – DOI 10.1016/B978–044450247–6.50037–0. – ISBN 9780444502476, S. 181–186

[8] Brice, S. G. E.: *Charakterisierung von TCO-Schichten nach thermischer Nachbehandlung durch Blitzlampentemperung.* Ilmenau, Technische Universität Ilmenau, Masterarbeit, 23.03.2018

[9] Buchanan, M. ; Webb, J. B. ; Williams, D. F.: Preparation of conducting and transparent thin films of tin–doped indium oxide by magnetron sputtering. In: *Applied Physics Letters* 37 (1980), Nr. 2, S. 213–215. http://dx.doi.org/10.1063/1.91829. – DOI 10.1063/1.91829. – ISSN 0003–6951

[10] Burstein, E. : Anomalous Optical Absorption Limit in InSb. In: *Physical Review* 93 (1954), Nr. 3, S. 632–633. http://dx.doi.org/10.1103/PhysRev.93.632. – DOI 10.1103/PhysRev.93.632. – ISSN 0031–899X

[11] Carl, K. ; Schmitt, H. ; Friedrich, I. : Optimization of sputtered ITO films with respect to the oxygen partial pressure and substrate temperature. In: *Thin Solid Films* 295 (1997), Nr. 1-2, S. 151–155. http://dx.doi.org/10.1016/S0040-6090(96)09167-5. – DOI 10.1016/S0040–6090(96)09167–5. – ISSN 00406090

[12] Chopra, K. L. ; Major, S. ; Pandya, D. K.: Transparent conductors—A status review. In: *Thin Solid Films* 102 (1983), Nr. 1, S. 1–46. http://dx.doi.org/10.1016/0040-6090(83)90256-0. – DOI 10.1016/0040–6090(83)90256–0. – ISSN 00406090

[13] Czichos, H. ; Saito, T. ; Smith, L. : *Springer handbook of materials measurement methods.* Berlin : Springer, 2006 (Springer

handbooks). http://dx.doi.org/10.1007/978-3-540-30300-8. http://dx.doi.org/10.1007/978-3-540-30300-8. – ISBN 3–540–20785–6

[14] DIN 5033: *DIN 5033-1:2017-10, Farbmessung- Teil 1: Grundbegriffe der Farbmetrik.* Berlin : Beuth Verlag GmbH, 2010

[15] Doering, R. ; Nishi, Y. : *Handbook of semiconductor manufacturing technology.* 2nd ed. Boca Raton : CRC Press, 2008. – ISBN 9781420017663

[16] Ellmer, K. ; Klein, A. ; Rech, B. : *Springer Series in Materials Science.* Bd. 104: *Transparent Conductive Zinc Oxide: Basics and Applications in Thin Film Solar Cells.* Springer-Verlag Berlin Heidelberg. http://dx.doi.org/10.1007/978-3-540-73612-7. http://dx.doi.org/10.1007/978-3-540-73612-7. – ISBN 9783540736110

[17] Fan, J. C. C. ; Bachner, F. J. ; Foley, G. H.: Effect of O 2 pressure during deposition on properties of rf–sputtered Sn–doped In 2 O 3 films. In: *Applied Physics Letters* 31 (1977), Nr. 11, S. 773–775. http://dx.doi.org/10.1063/1.89544. – DOI 10.1063/1.89544. – ISSN 0003–6951

[18] Gao, K. : *Highly Mismatched GaAs(1-x)N(x) and Ge(1-x)Sn(x) Alloys Prepared by Ion Implantation and Ultrashort Annealing.* Dresden, Technischen Universität Dresden, Dissertation, 2014. http://slubdd.de/katalog?TN_libero_mab216156431

[19] Gebel, T. ; Neubert, M. ; Endler, R. ; Weber, J. ; Vinnichenko, M. ; Kolitsch, A. ; Skorupa, W. ; Liepack, H. : Millisecond-annealing using flash lamps for improved performance of AZO layers. In: *MRS Proceedings* 1287 (2011), S. 244. http://dx.doi.org/10.1557/opl.2011.1438. – DOI 10.1557/opl.2011.1438

[20] Gebel, T. ; Rebohle, L. ; Fendler, R. ; Hentsch, W. ; Skorupa, W. ; Voelskow, M. ; Anwand, W. ; Yankov, R. A.: Millisecond Annealing with Flashlamps: Tool and Process Challenges. In: *14th IEEE International Conference on Advanced Thermal Processing of Semiconductors*, 47–55

[21] Gebel, T. ; Rebohle, L. ; Fendler, R. ; Hentsch, W. ; Skorupa, W. ; Voelskow, M. ; Anwand, W. ; Yankov, R. A.: Millisecond Annealing with Flashlamps: Tool and Process Challenges. In: *2006 14th IEEE International Conference on Advanced Thermal Processing of Semiconductors*, 2006. – ISSN 1944–0251, S. 47–55

[22] Ginley, D. S.: *Handbook of Transparent Conductors.* Springer Science+Business Media LLC. http://dx.doi.org/10.1007/978-1-4419-1638-9. http://dx.doi.org/10.1007/978-1-4419-1638-9. – ISBN 978–1–4419–1637–2

[23] Gonçalves, G. ; Elangovan, E. ; Barquinha, P. ; Pereira, L. ; Martins, R. ; Fortunato, E. : Influence of post-annealing temperature on the properties exhibited by ITO, IZO and GZO thin films. In: *Thin Solid Films* 515 (2007), Nr. 24, S. 8562–8566. http://dx.doi.org/10.1016/j.tsf.2007.03.126. – DOI 10.1016/j.tsf.2007.03.126. – ISSN 00406090

[24] Gordon, R. G.: Criteria for Choosing Transparent Conductors. In: *MRS Bulletin* 25 (2000), Nr. 08, S. 52–57. http://dx.doi.org/10.1557/mrs2000.151. – DOI 10.1557/mrs2000.151. – ISSN 0883–7694

[25] Granqvist, C. G. ; Hultåker, A. : Transparent and conducting ITO films: new developments and applications. In: *Journal of Applied Physics* 411 (2002), Nr. 1, S. 1–5. http://dx.doi.org/10.1016/S0040-6090(02)00163-3. – DOI 10.1016/S0040–6090(02)00163–3. – ISSN 0040–6090

[26] Guillén, C. ; Herrero, J. : Influence of oxygen in the deposition and annealing atmosphere on the characteristics of ITO thin films prepared by sputtering at room temperature. In: *Vacuum* 80 (2006), Nr. 6, S. 615–620. http://dx.doi.org/10.1016/j.vacuum.2005.10.006. – DOI 10.1016/j.vacuum.2005.10.006. – ISSN 0042207X

[27] Habuka, H. ; Hara, A. ; Karasawa, T. ; Yoshioka, M. : Heat Transport Analysis for Flash Lamp Annealing. In: *Japanese Journal of Applied Physics* 46 (2007), Nr. 3A, S. 937–942. http://dx.doi.org/10.1143/JJAP.46.937. – DOI 10.1143/JJAP.46.937. – ISSN 0021–4922

[28] HAMBERG, I. ; GRANQVIST, C. G.: Evaporated Sn–doped In 2 O 3 films: Basic optical properties and applications to energy–efficient windows. In: *Solar Energy Materials* 60 (1986), Nr. 11, S. R123–R160. http://dx.doi.org/10.1063/1.337534. – DOI 10.1063/1.337534. – ISSN 01651633

[29] HART, M. J. ; EVANS, A. G. R.: Rapid thermal processing in semiconductor technology. In: *IEEE Electron Device Letters* 3 (1988), Nr. 5, S. 421–436. http://dx.doi.org/10.1088/0268-1242/3/5/001. – DOI 10.1088/0268–1242/3/5/001. – ISSN 0741–3106

[30] HEIMKE, B. : *RF überlagertes DC-Sputtern von transparenten leitfähigen Oxiden: Zugl.: Chemnitz, Techn. Univ., Diss., 2013*. Chemnitz : Universitätsverl., 2013. – ISBN 978–3–941003–90–3

[31] HERAUS NOBLELIGHT LIMITED: *The lamp book: The Heraeus Noblelight technical reference book for arc and flash lamps*

[32] HÜPKES, J. : *Schriften des Forschungszentrums Jülich - Reihe Energietechnik*. Bd. 52: *Untersuchung des reaktiven Sputterprozesses zur Herstellung von aluminiumdotierten Zinkoxid-Schichten für Silizium-Dünnschichtsolarzellen: Zugl.: Aachen, Techn. Hochsch., Diss., 2005*. Jülich : Forschungszentrum Jülich, 2005. – ISBN 3–89336–435–8

[33] *IONServices Dresden Prof. Dr. Thoralf Gebel*. http://www.ions.de/7.html. – Eingesehen am 13.05.2020

[34] KACHURIN, G. A. ; PRIDACHIN, N. B. ; SMIRNOV, L. S.: Annealing of radiation defects by laser radiation pulses. In: *Sov. Phys. Semicond.* 9 (1975), Nr. 7

[35] KASAP, S. (Hrsg.) ; CAPPER, P. (Hrsg.): *Springer handbook of electronic and photonic materials*. Boston, MA : Springer Science+Business Media Inc, 2006. http://dx.doi.org/10.1007/978-0-387-29185-7. http://dx.doi.org/10.1007/978-0-387-29185-7. – ISBN 0–387–29185–7

[36] KIM, D.-H. ; PARK, M.-R. ; LEE, G.-H. : Preparation of high quality ITO films on a plastic substrate using RF magnetron sputtering. In: *Surface and Coatings Technology* 201 (2006), Nr. 3-4, S. 927–931. http://dx.doi.org/10.1016/j.surfcoat.2006.01.004. – DOI 10.1016/j.surfcoat.2006.01.004. – ISSN 02578972

[37] KIM, H. ; GILMORE, C. M. ; PIQUÉ, A. ; HORWITZ, J. S. ; MATTOUSSI, H. ; MURATA, H. ; KAFAFI, Z. H. ; CHRISEY, D. B.: Electrical, optical, and structural properties of indium–tin–oxide thin films for organic light-emitting devices. In: *Journal of Applied Physics* 86 (1999), Nr. 11, S. 6451–6461. http://dx.doi.org/10.1063/1.371708. – DOI 10.1063/1.371708. – ISSN 0021–8979

[38] KIM, H. J. ; BAE, J. W. ; KIM, J. S. ; KIM, K. S. ; JANG, Y. C. ; YEOM, G. Y. ; LEE, N.-E. : Electrical, optical, and structural characteristics of ITO thin films by krypton and oxygen dual ion-beam assisted evaporation at room temperature. In: *Thin Solid Films* 377-378 (2000), S. 115–121. http://dx.doi.org/10.1016/S0040-6090(00)01421-8. – DOI 10.1016/S0040–6090(00)01421–8. – ISSN 00406090

[39] KIM, Y.-S. ; PARK, Y.-C. ; ANSARI, S. G. ; LEE, J.-Y. ; LEE, B.-S. ; SHIN, H.-S. : Influence of O_2 admixture and sputtering pressure on the properties of ITO thin films deposited on PET substrate using RF reactive magnetron sputtering. In: *Surface and Coatings Technology* 173 (2003), Nr. 2-3, S. 299–308. http://dx.doi.org/10.1016/S0257-8972(03)00717-5. – DOI 10.1016/S0257–8972(03)00717–5. – ISSN 02578972

[40] KLUTH, O. ; RECH, B. ; HOUBEN, L. ; WIEDER, S. ; SCHÖPE, G. ; BENEKING, C. ; WAGNER, H. ; LÖFFL, A. ; SCHOCK, H. : Texture etched ZnO:Al coated glass substrates for silicon based thin film solar cells. In: *Journal of Applied Physics* 351 (1999), Nr. 1-2, S. 247–253. http://dx.doi.org/10.1016/S0040-6090(99)00085-1. – DOI 10.1016/S0040–6090(99)00085–1. – ISSN 0040–6090

[41] LEWIS, B. G. ; PAINE, D. C.: Applications and Processing of Transparent Conducting Oxides. In: *MRS Bulletin* 25 (2000),

Nr. 08, S. 22–27. http://dx.doi.org/10.1557/mrs2000.147. – DOI 10.1557/mrs2000.147. – ISSN 0883–7694

[42] LIU, J. ; RÄDLEIN, E. ; FRISCHAT, G. H.: Preparation, nanostructure and properties of indium tin oxide (ITO) films on glass substrates. Part 2. Optimisation of properties. In: *Physics and Chemistry of Glasses* 40 (1999), Nr. 5, 282-286. https://www.ingentaconnect.com/content/sgt/pcg/1999/00000040/00000005/4005282

[43] LÜDERS, K. ; POHL, R. O.: *Pohls Einführung in die Physik: Band 2: Elektrizitätslehre und Optik.* 23., neu bearb. und mit Kommentaren und Aufgaben vers. Aufl. Springer-Verlag Berlin Heidelberg. http://dx.doi.org/10.1007/978-3-642-01628-8. http://dx.doi.org/10.1007/978-3-642-01628-8. – ISBN 978–3–642–01627–1

[44] MAKI, K. ; KOMIYA, N. ; SUZUKI, A. : Fabrication of thin films of ITO by aerosol CVD. In: *Thin Solid Films* 445 (2003), Nr. 2, S. 224–228. http://dx.doi.org/10.1016/j.tsf.2003.08.021. – DOI 10.1016/j.tsf.2003.08.021. – ISSN 00406090

[45] MENG, L.-j. ; DOS SANTOS, M. : Properties of indium tin oxide films prepared by rf reactive magnetron sputtering at different substrate temperature. In: *Thin Solid Films* 322 (1998), Nr. 1-2, S. 56–62. http://dx.doi.org/10.1016/S0040-6090(97)00939-5. – DOI 10.1016/S0040–6090(97)00939–5. – ISSN 00406090

[46] MIENTUS, R. ; ELLMER, K. : Reactive magnetron sputtering of tin-doped indium oxide (ITO): influence of argon pressure and plasma excitation mode. In: *Surface and Coatings Technology* 142-144 (2001), S. 748–754. http://dx.doi.org/10.1016/S0257-8972(01)01160-4. – DOI 10.1016/S0257–8972(01)01160–4. – ISSN 02578972

[47] MOSS, T. S.: The Interpretation of the Properties of Indium Antimonide. In: *Proceedings of the Physical Society. Section B* 67 (1954), Nr. 10, S. 775–782. http://dx.doi.org/10.1088/0370-1301/67/10/306. – DOI 10.1088/0370–1301/67/10/306. – ISSN 0370–1301

[48] *NovaCentrix*. https://www.novacentrix.com/. – Eingesehen am 08.08.2019

[49] Nunes de Carvalho, C. ; Botelho do Rego, A. M. ; Amaral, A. ; Brogueira, P. ; Lavareda, G. : Effect of substrate temperature on the surface structure, composition and morphology of indium–tin oxide films. In: *Surface and Coatings Technology* 124 (2000), Nr. 1, S. 70–75. http://dx.doi.org/10.1016/S0257-8972(99)00619-2. – DOI 10.1016/S0257–8972(99)00619–2. – ISSN 02578972

[50] PerkinElmer optoelectronics: *High Performance Flash and Arc Lamps*

[51] Prucnal, S. ; Rebohle, L. ; Skorupa, W. : Doping by flash lamp annealing. In: *Materials Science in Semiconductor Processing* 62 (2017), S. 115–127. http://dx.doi.org/10.1016/j.mssp.2016.10.040. – DOI 10.1016/j.mssp.2016.10.040. – ISSN 13698001

[52] Rebohle, L. ; Prucnal, S. ; Reichel, D. : *Springer Series in Materials Science*. Bd. volume 288: *Flash lamp annealing: From basics to applications*. Cham, Switzerland : Springer, 2019. – ISBN 978–3–030–23298–6

[53] Rebohle, L. ; Prucnal, S. ; Skorupa, W. : A review of thermal processing in the subsecond range: semiconductors and beyond. In: *Semiconductor Science and Technology* 31 (2016), Nr. 10, S. 103001. http://dx.doi.org/10.1088/0268-1242/31/10/103001. – DOI 10.1088/0268–1242/31/10/103001. – ISSN 0268–1242

[54] *Rovak Flash Lamp*. https://www.rovak-flash-lamp.com/. – Eingesehen am 08.08.2019

[55] Salehi, A. : The effects of deposition rate and substrate temperature of ITO thin films on electrical and optical properties. In: *Thin Solid Films* 324 (1998), Nr. 1-2, S. 214–218. http://dx.doi.org/10.1016/S0040-6090(98)00371-X. – DOI 10.1016/S0040–6090(98)00371–X. – ISSN 00406090

[56] SCHAEFFER, H. A. ; LANGFELD, R. : *Werkstoff Glas: Alter Werkstoff mit großer Zukunft.* 2. Auflage. 2020 (Technik im Fokus). – ISBN 978–3–662–60259–1

[57] SHIGESATO, Y. ; PAINE, D. C.: Study of the effect of Sn doping on the electronic transport properties of thin film indium oxide. In: *Japanese Journal of Applied Physics* 62 (1993), Nr. 11, S. 1268–1270. http://dx.doi.org/10.1063/1.108703. – DOI 10.1063/1.108703. – ISSN 0021–4922

[58] SKORUPA, W. ; ANWAND, W. ; PANKNIN, D. ; VOELSKOW, M. ; YANKOV, R. A. ; GEBEL, T. : Advanced thermal processing of semiconductor materials in the millisecond range. In: *Vacuum* 78 (2005), Nr. 2-4, S. 673–677. http://dx.doi.org/10.1016/j.vacuum.2005.01.105. – DOI 10.1016/j.vacuum.2005.01.105. – ISSN 0042207X

[59] *Solayer GmbH.* https://solayer.de/de/home. – Eingesehen am 08.08.2019

[60] TIEN, C.-L. ; LIN, H.-Y. ; CHANG, C.-K. ; TANG, C.-J. : Effect of Oxygen Flow Rate on the Optical, Electrical, and Mechanical Properties of DC Sputtering ITO Thin Films. In: *Advances in Condensed Matter Physics* 2018 (2018), Nr. 3, S. 1–6. http://dx.doi.org/10.1155/2018/2647282. – DOI 10.1155/2018/2647282. – ISSN 1687–8108

[61] *VON ARDENNE GmbH.* https://www.vonardenne.biz/de/home/. – Eingesehen am 08.08.2019

[62] WELLER, S. : *Blitzlampentemperung von transparenten leitfähigen Oxidschichten.* Freiberg, Technische Universität Bergakademie Freiberg, Dissertation, 29.03.2018

[63] WESTPHALEN, J. : *Untersuchung der Eigenschaften von gesputterten ZnO:Al-Schichten auf flexiblem Glas.* Ilmenau, Technische Universität Ilmenau, Masterarbeit, 12.10.2015

[64] *XENON Corporation.* https://xenoncorp.com/products/. – Eingesehen am 08.08.2019